城市绿地分形及其热环境效应研究

Research on Urban Green Space Fractal and
Its Thermal Environment Effect

宫一路 著

中国纺织出版社有限公司

内 容 提 要

全球气候变化和城市化的双重影响下，热岛效应日益加剧。城市土地资源紧缺，相比增加绿量，通过优化绿地布局达到降温效果更具有理论和现实意义。针对景观尺度下绿地热环境效应研究结果不一致的问题，引入分形方法研究绿地的热环境效应，拓展了"绿地分形"和"绿地热环境效应"两个领域的研究内容。

本书内容采用高分遥感影像数据，面向规划实践的城市和街区尺度，采用三种分形模型，研究绿地系统、各级、各类绿地分形及其热环境效应，为城市热环境调控、绿地结构优化提供理论依据和规划建议。

图书在版编目（CIP）数据

城市绿地分形及其热环境效应研究 / 宫一路著. --北京：中国纺织出版社有限公司，2025.7. --ISBN 978-7-5229-2809-8

Ⅰ.TU985；X16

中国国家版本馆CIP数据核字第2025J3L595号

责任编辑：宗　静　　特约编辑：余莉花
责任校对：李泽巾　　责任印制：王艳丽

中国纺织出版社有限公司出版发行
地址：北京市朝阳区百子湾东里 A407 号楼　邮政编码：100124
销售电话：010—67004422　传真：010—87155801
http://www.c-textilep.com
中国纺织出版社天猫旗舰店
官方微博 http://weibo.com/2119887771
三河市宏盛印务有限公司印刷　各地新华书店经销
2025 年 7 月第 1 版第 1 次印刷
开本：710×1000　1/16　印张：10.25
字数：200 千字　定价：88.00 元

凡购本书，如有缺页、倒页、脱页，由本社图书营销中心调换

前 言

全球气候变化、城市热岛效应等背景下,探索城市绿地在有限空间内发挥更高的降温效应具有重要的实践意义。在城市绿地高质量发展的时代需求下,开展持续的城市绿地空间格局研究具有重要的理论意义。研究和揭示城市热环境变化及影响因素已经成为国内外研究热点,绿地是公认缓解热岛有效、持久、经济、普适的方法。因此,绿地空间格局的热环境效应成为新的研究方向。

景观尺度下绿地系统是与建设用地空间共轭的有机生态网络,绿地及建设用地类型结构和空间布局形态均会影响地表温度,进而表现出不同的降温效应。不同于斑块尺度研究结果的一致性,景观尺度研究尚无定论。以往主要通过景观格局指数法研究绿地空间格局的热环境效应,具有一定局限性。绿地分形指标是衡量城市绿地发展质量的结构性指标,利用分维可将众多地理空间数据浓缩成一个简单的数字,以揭示城市背后隐含的时空信息。通过分形维数,可以有效度量绿地空间格局,判断绿地系统的发展状态和规划合理性。以多种维度和尺度研究城市绿地分形的热环境效应,可以评估绿地发展质量及降温效应从而缓解城市热环境问题。

本书采用高分遥感影像数据提取城市绿地信息，以大连市主城区为研究范围，采用网格维、边界维、半径维三种分形模型，对大连市2007~2019年绿地系统以及各级、各类绿地进行分维估算，从纵、横两种维度评估绿地系统的综合发展质量。采用Landsat数据提取地表温度信息，分别以"温度区"和"街区"两种尺度进行绿地分形的热环境效应研究，从相关性和空间异质性两方面分析绿地分形对热环境的作用机制。最后，从绿地分形和热环境改善两个角度，提出大连市绿地系统发展建议。

本书的主要创新点表现在两个方面：一是通过大连市的实证对城市绿地分形理论及分维测算技术的创新，二是通过分形理论与方法进行了绿地结构与热环境的相关性研究。但仍存在以下不足：一是绿地数据与地表温度数据精度存在差异，一定程度上限制了研究尺度的选择，也有可能使得街区尺度下除了网格维以外的其他分形指标没有显示出相关性；二是绿地分形的热环境效应研究，由于篇幅的限制，本书只对各温度区内的绿地系统进行讨论，尚没有研究各级、各类绿地的热环境效应；三是绿地的发展质量和城市热环境特征存在地域差异，本书只研究了大连市一个案例地，尤其对于城市绿地系统分形来说面向多地域和同类城市的比较研究更具有理论和现实意义。

书中疏漏之处，敬请各位同行学者及广大读者批评指正。

宫一路

2024年5月

目 录

1 引言
1.1 研究背景与意义 _002
1.2 相关概念与理论基础 _004
1.3 国内外相关研究进展 _011
1.4 科学问题与创新之处 _023
1.5 主要研究内容 _025
1.6 本章小结 _026

2 研究数据与方法
2.1 研究区域概况 _028
2.2 数据来源及预处理 _029
2.3 主要研究方法 _031
2.4 研究思路与技术路线 _038
2.5 本章小结 _040

3 城市绿地系统分形演化
3.1 城市绿地系统斑块特征演化 _042
3.2 城市绿地网格维数演化 _044

3.3　城市绿地边界维数演化　_046

3.4　城市绿地半径维数演化　_048

3.5　本章小结　_054

4　城市绿地面积分级及分形特征

4.1　城市绿地面积分级与空间特征　_059

4.2　各级别绿地网格维数　_060

4.3　各级别绿地边界维数　_062

4.4　各级别绿地半径维数　_065

4.5　本章小结　_068

5　城市绿地功能分类及分形特征

5.1　城市绿地分类标准及分类提取　_072

5.2　各类型绿地网格维数特征　_074

5.3　各类型绿地边界维数特征　_076

5.4　各类型绿地半径维数特征　_080

5.5　本章小结　_084

6　城市绿地分形与热环境的相关性

6.1　地表温度提取及城市温度区空间特征演变　_089

6.2　各温度区内城市绿地分维估算　_093

6.3　绿地分形与地表温度的相关性分析　_107

6.4　本章小结　_112

7 城市绿地分形与热环境的空间异质性

7.1 街区尺度地表温度与绿地分维估算 _116

7.2 空间自回归分析 _124

7.3 不一致性指数分析 _128

7.4 本章小结 _130

8 结论与展望

8.1 主要结论 _132

8.2 研究不足与展望 _137

参考文献 _139

引言

1.1 研究背景与意义

1.1.1 研究背景

1.1.1.1 生态文明建设和国土空间规划背景下城市绿地高质量发展的时代需求

国土空间规划体系构建作为新时期下国家空间发展的重大变革，引领并规范着国家规划体系，是对各类空间进行开发建设保护活动的基本依据[1-3]。从国家基本发展情况出发，国土空间规划于2019年提出了"一优三高"的核心理念。其中"一优"主要是指生态文明建设优先，加快形成绿色生产、生活方式，为建设美丽中国做保障。"三高"指引导高品质生活、推进高质量发展、实现高水平治理。即坚持以生态优先为前提，以人为本，建设高品质空间，通过准确评估，进行合理规划，实现发展理念的转变，从空间规划转向高质量发展，实现高水平治理，为国家空间战略的实施和发展提供可靠的制度机制保障。

国土空间规划体系的"一优三高"的核心理念对于优化我国人居生态环境规划结构及全面整合城乡绿色空间具有重大作用。其中，城市绿地系统在满足广大居民高品质绿色生活需求中占据重要地位，是构建"一优三高"国土空间规划体系的关键环节。在此背景下，科学规划城市绿地、完善城市绿地功能体系、营造高品质生活空间显得尤为重要[4]。城市绿地规划建设将承担起我国人居环境生态建设的重要责任，在建设城乡人居绿色空间、修复保育城乡生态系统、践行生态文明理念中起到关键作用。

1.1.1.2 全球气候变暖和中国快速城镇化促使城市热环境问题不断恶化

现如今，我国正处于快速城镇化阶段，预计到2030年，我国城镇化率将达到70%。城市人口的不断增加以及对城市空间的开发建设所产生的热岛效应，已经逐渐成为影响城市生态环境建设及区域可持续发展的重大环境问题[5]。城市的开发建设引起城市下垫面性质产生剧烈变化，一般而言，在城市化的发展过程中，城市用地类型逐渐产生变化，由水泥、沥青、金属等不透水材质所组成的下垫面逐渐取代由透水性材质（如土壤、自然植被等）所构成的下垫面，城市用地区域的太阳辐射量由此产生变化，城乡间地表辐射存在一定差异导致城市之间存在气温方面的差异[6]。与此同时，人口不断由乡村流向城市，城市区域的人居活动总量激增，居民活动消耗的能源资源产生废气，释放大量的人为热，而城市空间扩展的过程中，城市建筑容积率逐渐增加导致城市内热量扩散难度增加，使城市热岛的范围和强度得到进一步扩大，促使城市热环境问题继续恶化[7]。

城市热环境会直接影响城市的微气候环境，城市温度的高低与否会对居民生活的舒适度产生直接影响。一般而言，夏季频繁持续存在的高温热浪，会导致城市居民感到精神萎靡、烦躁不安甚至有可能导致居民患上某些疾病；此外，区域温度过高会在一定程度上加速光化学反应，导致大气中有害气体浓度增加，进而对人体健康产生负面影响。另外，城市热环境还会影响城市空气的湿度、云量和降雨量，进而导致多种城市气候问题的产生。在此背景下，国内外相关领域针对日益恶化的城市热环境问题展开了多方面、多角度的研究，为缓解及改善城市热环境问题提供相关借鉴[8-10]。对于城市化水平不断提高的中国，如何改善城市发展过程中存在的热环境问题，已经逐渐成为优化城市人居环境的迫切需要，也是全面步入小康社会，促使城市走上可持续发展道路的客观需求。

1.1.2 研究意义

1.1.2.1 理论意义

（1）城市绿地建设评价是有效衡量城市绿地空间布局是否合理，城市绿地规划建设是否达到一定水平的重要方法[11]。基于分形理论和分形模型提出的城市绿地分形指标，是对我国现行城市绿地建设评价指标的补充，完善并优化了城市绿地形态、结构和空间布局的量化评价方法。

（2）城市绿地分形是从城市形态分形中分离出来、发展形成的新分支，有必要开展持续的城市绿地分形研究[12]。本书对城市绿地分形进行了纵向分维演变的测算，横向多视角的分形差异比较，讨论了三种分形模型在城市绿地分形中的判定方法，同时研究了绿地分形对热环境的影响机制，丰富了城市绿地分形的理论体系。

1.1.2.2 现实意义

城市绿地作为城市生态系统的重要组成部分，具有多重功能，诸如经济、社会、生态等，能够在一定程度上稳定城市生态系统，在形成城市景观、提高人居环境质量等方面起着积极作用[13]。在相对有限的绿地空间下，研究通过何种举措才能够最大程度发挥绿地的降温效应，具有重要实践意义。通过绿地分形及其热环境效应研究，对城市绿地系统的生长发展进行综合评价，对其影响热环境的机制进行综合分析，具体意义表现为以下两方面。

（1）评估城市绿地系统以及各级、各类绿地发展状态和建设水平，提供绿地规划建设的科学指标和量化数值，与国土空间规划进行衔接，对国土空间精细化治理具有重要意义；评估城市绿地有序生长的空间范围，提出未来规划建设和国土空间治理的重点区域和具体要求，对城市绿地的高质量发展具有重要意义。

（2）揭示城市绿地分形对热环境的影响机制，定量评估绿地系统生长发展的过程，对不同尺度下的绿地空间治理提出具体建议和优化对策，形成城市绿地高质量发展方案，从而改善城市热环境，对人居环境生态建设具有重要意义。

1.2 相关概念与理论基础

1.2.1 相关概念

1.2.1.1 城市绿地与城市绿地系统

城市绿地（Urban Green Space）是我国城市建设用地中的一类，国外与之相对应的概念有开放空间（Open Space）[14]及绿化用地（Green Space）[15]。城市绿地的本质属性[16]应包括以下四个方面。

（1）城市绿地是一个自然综合体。包含城市绿地用地范围内自上而下的全部自然地理要素，是满足城市居民基本生存需求的生态系统，在城市发展过程中具有必要的生态支持作用。

（2）城市绿地是社会的自然资本。城市绿地本身具有多种生态服务功能及生态服务价值，具体包括为城市居民活动提供资源支撑、绿地本身的生态环境效应、生命支持功能及人类健康与福利功能等。

（3）城市绿地是绿色基础设施。城市绿地服务职能的同一性、公共性特征，城市绿地系统运转的系统性、协调性特征，城市绿地建设的超前性、同步性特征，城市绿地效益的间接性、长期性特征。

（4）城市绿地是社会公共物品。城市绿地承载着城市举办的各种活动，具备社会利益性特征，包括增进城市居民的公众福利、推动社会平等、促进城市可持续高效运转等多种目标。此外，城市绿地存在价值外溢性特征，主要是城市绿地所产生的外部经济效应，例如，城市绿地周边地区的土地价值增值。

《城市规划基本术语标准》（GB/T 50280—1998）[17]将城市绿地定义为：是城市中专门用以改善生态、保护环境、为居民提供游憩场地和美化景观的绿化用地。

《城市绿地分类标准》（CJJ/T 85—2017）[18]将城市绿地定义为：城市行政区域内以自然植被和人工植被为主要存在形态的用地。它包含两个层次的内容：一是城市建设用地范围内用于绿化的土地；二是城市建设用地之外，对生态、景观和居民休闲生活具有积极作用、绿化环境较好的区域。

《城市绿地分类标准》（CJJ/T 85—2017）采用大、中、小三级分类，以绿地主要功能为依据，将城市绿地系统分为公园绿地、防护绿地、广场用地、附属绿地、其他绿地五大类。

①公园绿地：是城市中向公众开放的，以游憩为主要功能，有一定的游憩设施和服务设施，同时兼有健全生态、美化景观、科普教育、应急避险等综合作用的绿化用地。它是城市建设用地、城市绿地系统和城市绿色基础设施的重要组成部分，是表示城市整体环境水平和居民生活质量的一项重要指标。

②防护绿地：用地独立，具有卫生、隔离、安全、生态防护作用，游人不宜进入的绿地。主要包括卫生隔离防护绿地、道路及铁路防护绿地、高压走廊

防护绿地、公用设施防护绿地等。

③广场用地：是指以游憩、纪念、集会和避险等功能为主的城市公共活动场地（绿化占地比例在35%~65%），不包括以交通集散为主的广场用地。

④附属绿地：附属于各类城市建设用地的绿化用地。包括居住用地、公共管理与公共服务设施用地、商业服务业设施用地、工业用地、物流仓储用地、道路与交通设施用地、公共设施用地等用地中的绿地。

⑤其他绿地：位于城市建设用地之外，具有城乡生态环境及自然资源和文化资源保护、游憩健身、安全防护隔离、物种保护、园林苗木生产等功能的绿地。

1.2.1.2 分形、分维与标度区

（1）分形（Fractal）。分形是指事物的形状、形态与组织的分解、分割、分裂与分析，它在一定程度上代表了一个由局部到整体地对事物的认识过程[19]。

分形具有下列性质的集合[20]：

①具有精细结构，在任意小的尺度下，都可呈现出更加精致的细节。

②其不规则性在整体与局部中都不能用传统的几何语言加以描述。

③具有某种自相似的形式，但这种自相似性质不是完全数学意义上的，而是统计意义上的，它承认有效概率的非自相似的存在。

④该集常可由较为简单的方法来定义，可由迭代产生。而所谓的迭代产生分形，是指通过反复的迭代过程，通过在相同空间不断地拉伸、压缩、挖空，从而实现从光滑转化为不光滑、从规则转化为不规则、从整形转化为分形的过程。

⑤分形不能用通常的面积、长度、体积等测度进行量度。

⑥其分形维数一般大于拓扑维数。

（2）分形维数（简称分维）。分形维数是用来描述分形不规则特征的参数。维数是几何学和空间理论的基本概念，根据常识，点是0维，直线是1维，平面是2维，普通空间是3维。分形的不规则特征也用维数来描述，只是用来描述分形不规则特征的维数通常是分数维，而不是整数维。分维作为一个空间指数，可将众多的测量数据浓缩为一个简单的数值，据此反映研究对象的空间特征[21]。通过分维演变或者差异的纵横比较，就可揭示城市演化和分布的一些重要的时空信息。分维的系统含义[22]包括：

①分维与信息熵之间具备一定的联系，能够在一定程度上反映城市演化发育程度及空间特征。

②分维与控制变量的数目相联系，能够反映控制变量的复杂程度。

③一定条件下，分维与空间自相关、互相关存在内在联系，进而反映系统间的相互作用特征，乃至系统演化的动力学机制。

④分维往往与某个具体的几何特征量有关，如城市形态的边界维数与紧凑度具有一定的关系，从而可以从不同的角度揭示需要了解的同一个问题。

⑤由于分形模型可以同时采用熵最大化和效用最大化方法同时推导出来，因此分维可以反映系统内部的能量与信息的配置与转换关系，从而为系统的优化利用提供研究思路。

（3）标度区（Scaling Range）或无尺度区（Scale-free Range）。无论自然界还是人类社会，都不存在数学意义上的分形。分形特征仅出现在一定的尺度范围内，此尺度范围便是标度区。标度区即为"自相似性存在的范围"[23]。

就城市分形形态而言，形成标度区的道理如下：通过绘制网格计量格子数目，本质上是借助被占据的格子的拼图去对城市形态进行近似。尺度越大，近似的效果也就越差。如图1-1所示，当格子的尺度很大的时候，所有的格子都被占据，这是第一尺度区。当尺度下降到低于某个临界值r_{c_1}的时候，开始出现空格，进入第二尺度区。这个临界值就是第一个尺度区与第二个尺度区的界限。由于城市形态图像的分辨率是有限度的，当尺度继续下降，达到某个临界值r_{c_2}时，每个网格中只有一个像素，继续降低尺度，被占据的格子数目$N(r)$不会改变，这就进入第三尺度区，或者叫特征尺度区。

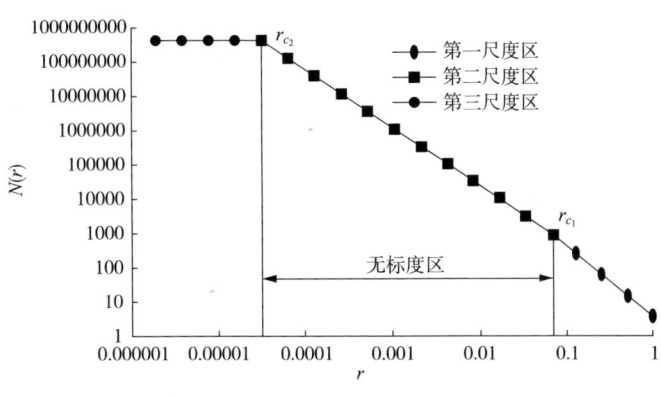

图1-1 "标度区"概念示意图

1.2.1.3 城市热环境与地表城市热环境

（1）城市热环境。城市热环境是在城市发展过程中所形成的一种由自然环境及人工环境共同构成的特殊环境，属于生态环境的一部分。城市热环境的建设水平与城市居民的生活舒适度密切相关，能够在一定程度上对城市居民的生活质量及身体健康产生影响。温度是表征城市热环境质量的重要指标[24]，城市热环境一般用气温来表示。

（2）城市地表热环境。城市地表热环境通常由地表温度（Land Surface Temperature，LST）来表征[25]。地表由于吸收过多的太阳辐射使得温度有所升高进而产生地表温度，太阳辐射到达地球表面时，部分辐射量被反射至大气环境中，另一部分的辐射量被地球表面吸收，大气环境直接吸收太阳辐射导致升温较小，一般情况下，地球表面的温度要高于大气环境的温度。与此同时，地表温度还会受到众多因素影响，如所处位置的纬度、海拔高度及其下垫面性质。一般而言，同一区域内地表温度存在差异的主要原因是其下垫面的性质有所差异。现有的研究中，地表温度数据是由遥感数据反演得到的。

本书研究中，用地表温度作为地表热环境的表征指标，将地表热环境简称为热环境。

1.2.2 理论基础

1.2.2.1 城市绿地系统理论

绿地系统是城市生态环境建设与发展的自然基础，对改善城市生态环境、景观风貌，提高人居环境质量具有重要意义[26]。绿地系统的特征包含以下几个方面[27-29]：

（1）系统性。绿地系统是一个绿色有机整体，由各类不同类型、不同性质及不同规模的绿地互相联系、互相作用而组成，具备整体性、相关性、层次性及动态性等特征。

绿地系统的整体性特征，是指构成绿地系统的各类绿地除其本身所具有的特定功能之外相互作用，从而形成具备非加和性特征的一定结构，进而发挥出整体效应。

绿地系统的相关性特征，是指构成绿地系统的各类绿地互相作用、互相联系、互相影响、互为补充，共同构成一个要素间相互联系的有机统一体。

绿地系统的层次性特征，是指绿地系统下包含若干个子系统，其子系统下又包含若干个个体要素，共同构成一个层次分明且丰富的有序结构。

绿地系统的动态性特征，绿地系统并非一成不变，而是处于一个动态的、不断发展的状态，在其不断变化的过程中，绿地系统内部各要素处于竞争与协同阶段，导致绿地系统产生量与质的变化。

（2）结构性。绿地系统具备多种服务功能，服务着城市的发展，如生态服务功能、游憩服务功能、景观服务功能等。绿地系统的服务功能不仅对绿地率或绿化覆盖率具备要求，相对而言更重要的是绿地是否呈现出科学、合理的空间分布格局，进而对城市环境起到改善、优化作用。通常认为，结构产生功能，功能反映结构，绿地系统所具备的多种服务功能是其系统内部各要素在结构中相互作用的结果。因此，绿地系统的核心通常被认为是绿地的空间结构及布局。

（3）复杂性。绿地系统囊括范围广大，其构成要素多元、绿地类型丰富、服务功能多样，并与城市其他系统之间存在相互作用、相互影响的复杂关系，因此，在多种因素的共同影响下，绿地系统在其结构及功能方面存在复杂性特征。

（4）目标性。在可持续发展理论的指导下，城市绿地系统作为城市重要的子系统，绿地系统具有明确的目标性及目的性，即推动城市绿地在生态、社会、经济三方面发展中发挥综合效应。

《风景园林基本术语标准》（GJJ/T 91—2017）将城市绿地系统规划定义为：对各种城市绿地进行定性、定位、定量的统筹安排，形成具有合理结构的绿色空间系统，以实现绿地所具有的生态保护、游憩休闲和社会文化等功能的活动。城市绿地系统规划体现的是市政府在行政过程中，对城市绿地系统发展方向的意志，是政府宏观和调控土地利用的一种途径[30]。

一般城市绿地系统规划具有两种形式[31]。一种属于城市总体规划的组成部分，是城市总体规划中的专业规划。另一种属于专项规划，其主要任务是以区域规划、城市总体规划为依据，预测城市绿化各项发展指标在规划期内的发展水平，综合部署各类各级城市绿地，确定绿地系统的结构、功能和在一定规划期内应解决的主要问题，确定城市主要绿化树种和园林设施以及近期建设项目等，从而满足城市和居民对城市绿地的生态保护和游憩休闲等方面的要求。这是一种针对城市所有绿地和各个层次的完整的系统规划。

1.2.2.2 分形理论

希腊人创立的经典几何学一直是人们认识自然物体的有力工具，然而自然界存在着大量无法用经典几何方法准确描述的复杂图形，如自然界中长着分岔的树枝、变幻的云彩、高低不平的山脉、弯曲的河流，生活中股市上的股票价格曲线、水文测量中的水位变化曲线、一个地区的气候变化曲线等。从整体上看，它们的几何图形是不规则的，但在不同的尺度上图形的规则性又是相同的，也就是从整体到局部的各个层次上都有自相似的结构，在一个花样的内部还有更小的同样的花样。

分形几何学是一门以非规则几何形态为研究对象的几何学。由于不规则现象在自然界的普遍性，分形几何又称为描述大自然的几何学。目前分形理论已经是现代数学的一个新分支，其本质又是一种新的世界观和方法论，它承认世界的局部可能在一定条件过程中，在某一方面形态、结构、信息、功能、时间、能量等表现出与整体的相似性。

1975年，曼德尔布罗特用法文出版了分形几何第一部著作《分形对象：形、机遇和维数》[32]。它集中了1975年以前曼德尔布罗特关于分形几何的主要思想，它将分形定义为豪斯道夫维数严格大于其拓扑维数的集合。1982年，曼德尔布罗特出版《大自然的分形几何学》[33]，将分形定义为局部以某种方式与整体相似的集，重新讨论盒维数，它比豪斯道夫维数容易计算。1985年，曼德尔布罗特提出并研究自然界中广泛存在的自仿射集，它包括自相似集并可通过仿射映射严格定义。1989年，吴敏[34]等人解决了德金猜想，确定了一大类递归集的维数。随着分形理论的发展和维数计算方法的逐步提出与改进，1982年以后，分形理论逐渐在地理学、动力工程、物理学、计算机科学、材料科学与工程、机械工程、化学等很多领域得到应用[35-41]，它不仅显示出了莫大的存在价值，而且被誉为20世纪70年代世界科学的三大发现之一。

分形理论主要研究复杂系统的自相似性，它通过对系统整体与部分之间自相似性的研究，试图找到介于有序—无序、宏观—微观、整体—部分之间的新秩序，从而深化对于物质世界多样性的统一认识。同时，分形理论还为不同学科发现的新规律性提供了崭新的语言和定量的描述，从而为现代科学的深入发展提供了新的思路和方法。分形理论与系统论在一定程度上体现了从两个端点出发的思想[42]。系统论由整体出发确立各个部分的系统性质，沿着从宏观到微观的方向考察整体与部分之间的相关性；而分形理论则是由部分出发来确立整体的性质，沿着从微观到宏观的方向考察部分与整体之间的相关性。系统论强调了部分依赖整体的性质，体现了从整体出发认识部分的思想；而分形理论则强调了整体依赖于部分的性质，体现了从部分出发认识整体的方法。于是，系统论与分形理论构成互补，相互辉映，极大地提高了人类对自然界的认识能力和水平。

分形理论在一定程度上可以说是通过对地理现象的观察而逐渐形成的。分形理论的产生，使得现代科学可以超越传统科学的束缚，而对自然界中复杂事物的描述变得轻松自如。运用分形与分维的概念、方法或思路，可以为真实而全面地刻画地理现象的复杂性提供新的有力工具。复杂的地理现象是通过复杂过程产生的，还是通过简单过程迭代而生？大的地理事件与小的地理事件是否有着相同或相似的动力学机制，能否建立定量关系进行二者不同尺度上性质和规律的演绎推理？

1.3　国内外相关研究进展

1.3.1　城市绿地建设评价

纵观国内外城市绿地规划建设的发展历程，城市绿地建设评价指标的发展大致历经了三个阶段[43]：从"绿地数量评价"到"绿地质量评价"，再到"绿地综合效益评价"。20世纪60年代以前，在"城市美化"运动的背景下，绿地建设评价指标集中在绿地面积、公园数量等方面，欧美少数国家采用"人均占有量"评价绿地建设情况。20世纪70年代，生态学理论逐渐在绿地规划建设中不断应用，绿地建设评价开始关注"生态效益指标"。20世纪80年代，随着景观生态学、景观游憩学、环境行为心理学、地理空间信息、遥感技术等多学科研究方法的引入，绿地建设评估开始向资源、社会、经济、环境、防灾等综合效益指标的方向发展。20世纪90年代，"绿道规划""生态网络规划"的理论与实践推动了城市绿地建设评价向"城市绿地系统"的大尺度空间范围的拓展。21世纪以来，绿地综合效益评价得到进一步提升，欧美少数国家通过"欧盟绿地空间研究"等绿地规划实践，逐步建立起了城市绿地系统综合评价指标体系与评价方法，而中国绿地建设评价通过构建指标体系来进行多维分析[44]。

1.3.1.1 城市绿地数量评价

西方国家城市绿地规划建设实践开展较早，评价指标的设定标准相对较高。城市绿地数量评价通常采用的指标有"人均公园绿地面积""人均公共绿地面积""绿化覆盖率"等。根据《城市建设数据手册》[45]，国外部分主要城市的公园绿地面积均值为$16.21m^2$/人、人均绿地面积的平均值为$43.32m^2$/人、绿化覆盖率的平均值为30.80%。

中国的城市绿地建设初期为增量规划阶段，主要采用"人均公园绿地面积""城市绿化覆盖率"和"城市绿地率"3个二维指标开展考核[46]。例如，尹海伟等[47]基于人均公园绿地面积指标研究了城市绿地可达性和公平性，刘梦飞等[48]研究了城市绿化覆盖率与气温的关系，赵丹等[49]测算了安徽省宁国市2011年的市区人均绿地率为$41.7hm^2$/人。三个指标在绿地规划管理实践中，"绿化覆盖率"难以准确统计，且国内外的可比性不强。"绿地率"与"人均公园绿地面积"计算简单、易于横纵比较，能够直观地反映绿地建设数量情况，在绿地规划管理的实践中容易操作和调控。

目前中国城市绿地建设发展为存量规划阶段，表征绿地数量指标从二维平面升级到三维空间。绿地数量指标包括了传统二维指标的扩充，如各类型公园绿地面积[50]、绿地覆盖率[51-52]、人均绿地面积[53-54]、绿色基础设施拥有率[55-56]、防灾绿地面积[57-58]，以及绿地三维指标的补充，如绿坡率[59]、屋顶绿化面积[60-61]、垂直绿化面积[62]、绿视率[63-64]、三维绿量[65-66]等。城市绿地数量指标是绿地发展建设的研究基础，进而扩展到绿地生态效益、经济效益、社会效益、服务水平等研究。

1.3.1.2 城市绿地质量评价

西方的绿地质量评价，关注绿地经济社会服务功能以及对绿地质量的感知。Pablo K等[67]对西班牙巴塞罗那市149个城市绿地的质量进行了评价，讨论了绿地质量的健康效益，Abdullah Akpinar[68]调查了土耳其登市城市绿地质量、体育活动和健康指标之间的关联，P Brindley等[69]在英国谢菲尔德市使用实地调查和社交媒体两种数据研究了城市绿地质量与健康的相关性，以上使用的城市绿地指标具体包含了城市绿地清洁度、维护度、开放度等。A Baka等[70]将社会经济数据与Google街景视图中的邻里绿地相结合，评估了苏格兰格拉斯哥社区优质绿地的公平性。Fongar等[71]测度了挪威成年人对绿地质量的感知，并讨论了感知度与访问频率之间的关系。

中国的绿地质量评价侧重于生态效益评价、经济社会效益评价、景观环境效益评价三个方面。

城市绿地生态效益评价，常见的评价内容包括固碳效益评价[72]、温湿效益评价[73-74]、消减径流效益评价[75-76]、消减噪声效益评价[77]、滞尘效益评价[78]、热岛效益评价[79]、大气污染物消减效应评价[80]等。

城市绿地的经济社会效益评价，研究内容主要包括城市绿地的经济社会效益评估[81-83]、城市绿地建设水平与社会经济效益的相关性研究[84-86]、绿地服务水平、空间正义等相关研究[87-89]、绿地的社会福祉研究[90-92]。

城市绿地景观环境效益评价，研究内容主要包括绿地绿量的评估、绿地结构与空间布局的研究两方面。常见的绿量指标包括绿容率、绿视率、郁闭度、三维绿量、叶面积指数等，如冯一民等[93]以绿容率、绿段率、绿视率3个指标控制产业园区的绿地规划；谭瑛等[94]通过对绿地率及绿容率的比较测算历史街区的绿量；陈华等[95]测算了医院附属绿地中27个样地的绿地郁闭度和三维绿量。绿地结构和空间布局是城市绿地系统规划的重要内容。城市绿地结构评价主要面向植被群落结构评价[96-97]和绿地系统空间结构评价。城市绿地空间结构评价，依赖于景观生态学理论、形态学理论、多维模型等理论与技术方法，主要指标包括绿地景观连通性、功能连接指数、绿地可达性等。王博娅等[98]利用生态系统服务评估与权衡（InVEST）模型、最小费用模型等方法评价了北京绿地结构功能连接性；周媛[99]利用形态学空间格局分析（MSPA）方法和景观连通性指数构建了成都绿地生态网络；姜佳怡等[100]基于POI数据从横向6类空间之间与纵向绿地建设深度两个角度评价上海绿地空间结构；杨梅等[101]基于绿地空间可达性视角探索城市绿地空间结构与其感知恢复能力的关系。城市绿地空间布局，主要运用景观格局分析技术、地理信息技术、景观生态学、景感生态学等理论方法，研究绿地格局的演变特征及其影响因素，主要指标包括景观格局指数、斑块特征指数、景观空间构型、景观空间异质性等。周廷刚等[102]提出"绿地景观引力场"的评价模型用于反映城市绿地的空间分布格局；赵萌等[103]基于景感生态学理论分析了北京市生态空间景观格局和视觉空间格局；禹文东等[104]基于遥感数据、景观格局分析和生态网络研究法分析了扬州市绿地格局及其时空演变特征。随着绿地观测方法的更新及城市新数据的引用，绿地质量评价向多维度多类型指标研究转化，如陈亚萍等[105]基于遥感影像数据和百度街景数据，比较分析了归一化植被指数、叶面积指数和绿视率三类指标，同时评价了绿地景观效益和生态效益。

1.3.1.3 城市绿地综合评价

20世纪80年代以后，生态学、地理学在城市绿地系统研究中不断渗透，西方国家的绿地规划向宏观尺度拓展。美国绿道规划注重绿地空间的连续性，目前已发展成为国际公认的城市建设重要策略。JGFábos[106]综述了美国绿道规划的起源及发展阶段；ZTA B等[107]提出了一种将经典城市设计理论，多源城市数据和机器学习算法结合使用的数据知悉方法来规划城市绿道网络；Ryan等[108]提出了绿道规划和文化景观设计的融合策略。而在公园绿地方面，由公共土地信托基金（The Trust for Public Land，TPL）提出的ParkScore指数，成为城市公园系统综合质量评价的主流方法[109]。该指数包含了绿地数量、投资、服务设施、可达性四个维度共14个指标；R Alessandro等[110]利用ParkScore指数研究了美国城市公园系统质量与城市收入和种族组成之间的关系。欧洲一体化的背景下，网络在社会和生态意义上都变得越来越重要。生态网络规划覆盖了欧盟大部分国家，稳定普遍的绿地网络格局为城市绿地规划与评价研究提供了新的方向[111]。

由于区域和国家处于不同的开发阶段，文化与自然特征之间复杂的相互作用导致了生态网络和绿道形成方式的完全不同[112]。C Chen等[113]通过粒度反演、最小累积阻力模型（MCRM）优化城市生态网络和景观斑块的连通性；J Jalkanen等[114]将空间保留优先级（SCP）应用于生态网络的识别并为Uusimaa地区制定了新的区域计划。

中国城市绿地综合评价是采用定性与定量相结合的方法，通过建立指标体系和评价模型对绿地进行多维评估。席珺琳等[115]基于可达性、绿地质量及服务人口等指标构建了综合评价模型，评价了广州市公园绿地的服务能力；李晟等[116]从生态系统服务功能、潜在生物多样性、形态空间格局的角度构建了多种模型对绿地生态网络进行综合评价；陈永生等[117]从生态、游憩和防灾避险3个维度构建了指标体系并采用层次分析法（AHP）和德尔菲法（Delphi）对合肥市公园绿地的功能进行综合评价；康秀琴[118]从生态功能、服务功能、美学功能三方面构建了指标体系采用AHP法对桂林市8个公园绿地100处样方进行了植物景观综合评价；时珍等[119]通过构建游憩供需系统评价体系和协同度量化模型对郑州市公园绿地系统的供需协同度进行了综合评价；王江博等[120]基于国土空间"双评价"的指标体系对石河子市绿地空间布局进行了综合评价。

1.3.1.4　中国绿地评价的国家标准

随着城乡一体化建设的推进，我国相继出台了一系列关于绿地评价的国家标准，如《城市容貌标准》（GB 50449—2008）、《国家园林城市系列标准》（〔2016〕235号）、《城市绿化规划建设指标的规定》（〔1993〕784号）、《宜居城市科学评价标准》（2007）、《国家环境保护模范城市考核指标》（环办〔2008〕71号）、《城市园林绿化评价标准》（GB/T 50563—2010）、《国家卫生城镇评审管理办法》（全国卫发〔2021〕6号）、《国家森林城市评价指标》（GB/T 37342—2024）等，对促进我国城市环境建设起到了积极的作用。自20世纪90年代开始，全国范围的园林城市评比活动，政府层面开始关注城市绿地建设质量，从而引发越来越多的学者开展绿地质量评价指标的相关研究。

《城市园林绿化评价标准》[121]（GB/T 50563—2010）是第一个适用于全国范围的城市绿地系统规划的评估标准。涉及城市的市域（市区）、规划区和建成区三个层面，指标评估以建成区为主。三个层面的划分充分考虑到了城乡一体化建设过程中的城市绿化发展趋势，兼顾与目前的城乡建设统计年鉴所采取的方法相衔接。《评价标准》共包含综合管理、绿地建设、建设管控、生态环境和市政设施五个类型涵盖55个评价指标。其中城市绿地建设评价的核心量化指标18项，见表1-1。

表1-1 《城市园林绿化评价标准》城市绿地建设评价指标分类及内容

评价城市绿地整体的指标	评价单类城市绿地的指标	评价单种绿色空间的指标
建成区绿化覆盖率，建成区绿地率，建成区绿化覆盖面积中乔、灌木所占比率，城市各城区绿地率最低值等	城市人均公园绿地面积、公园绿地服务半径覆盖率、城市道路绿化普及率、城市新建、改建居住区绿化达标率、城市公共设施绿地达标率、城市防护绿地实施率、生产绿地占建成区面积比率、城市道路绿地达标率等	万人拥有综合公园指数、大于40hm^{2}植物园数量、林荫停车场推广率、河道绿化普及率、受损弃置地生态与景观恢复率等

1.3.2　城市绿地分形

运用分维来描述复杂的自然和人文现象，已经取得了较好的效果。分形理论在地理学中的应用研究已经揭示出一些地理现象的分形性质[42]。在地貌学领域，运用分形理论研究了地表面的起伏以及它们产生、发展、分布规律以及地貌现象与其内部机制之间的联系等，形成了分形地貌学[122]（Fractal Morphological）的新分支。在人文地理学领域，分形理论同样取得了一系列的应用，如城市边界线的分形特征[123]，城市等级体系和城市规模分布的分形特征[124-125]，城市路网[126]、商业网点布局[127]、城市人口分布[128]、城市空间扩展[129]等分形性质。此外，分形理论还在沙漠定量化研究[130]、长江水系沉积物重金属含量空间分布特征[131]、旅游景观设计布局[132]以及金矿矿位[133]等方面也做出了实际性的探索和应用。分形理论在地理学中的应用已经揭示出了某些地理现象的分形性质，并且对客观世界的地理认知向前推进了一定的距离。

1.3.2.1　分形城市与城市形态分形

复杂性是科学广泛认同的重要课题，空间复杂性的认识始于分形城市研究[134]。分形城市源于基于分形思想的城市形态与结构的模拟与实证研究。1991年，M

Batty发表《作为分形的城市：模拟生长与形态》一文，标志着分形城市概念的萌芽。1994年M Batty等[135]出版了题为《分形城市：形态与功能的几何学》的研究专著；同年，Frank Hauser发表了专题著作《城市结构的分形性质》，"分形城市"正式成为自组织城市领域的一个专门术语。分形城市最初主要是研究城市形态和结构，随着研究领域的扩展，逐渐向内细化到城市建筑，向外拓展了区域城市体系。因此，目前的分形城市概念可以分为如下三个层次：城市建筑分形[136]的微观层次，城市形态分形[137]的中观层次，城市体系分形[138]的宏观层次。分形是大自然的优化结构，是刻画空间复杂性的有效工具[139]，分形城市研究有助于有效地利用城市地理空间[140]。

城市形态与结构分析能够揭示城市空间发展和区域城市化的重要地理信息，基于分形理论的城市形态分形引起了广泛关注并在国内外展开了大量相关研究。分形维数是城市形态和结构的一种有效度量，可以作为城市空间系统发展状态和城市规划合理性的判断依据，利用分维可将众多地理空间数据浓缩成一个简单的数字以揭示城市背后隐含的时空信息[141]。城市形态分形的基本模型有三种，代表了不同的地理几何意义：

（1）边界维数可度量城市或某种土地利用类型边界线形态的复杂程度，Batty等[142]借助周长—面积关系和周长—尺度关系测度了英国城市的形态特征。

（2）半径维数可以描述土地利用分布的集中程度，White等[143]利用半径维数计算了美国多个城市空间结构。

（3）网格维数（盒子维数）是各学科中应用最广的一种分形模型，在城市形态分形中可度量城市土地利用空间分布的均衡性，Benguigui等[144]用该方法计算了以色列城市的空间分布，陈彦光等[145]在网格维基础上发展了信息维，秦静等[146]在二维分形的基础上发展了三维分形。

Batty[147]通过对大量城市的分形模拟和分维实测，发现城市形态维数经验值在1~2之间，平均维数为1.71；冯健等[148]验证了"城市化地区城市整体分维数大于各类用地分维数"的理论推断；赵晶等[149]用边界维数和半径维数测算了上海市中心城区1947~2000年8种用地的分维；陈彦光等[150]提出了"分维平均数值的理论解释"和"理想的城市分维朝着1.71演化"，并进一步提出"城市总体的形态分维不大于其所在的空间维数2，但各类用地的分维不受限制"……以上关于城市形态与结构的经典分形理论和典型实践，对深入理解城市形态分形特征、演化过程和城市空间复杂性有重要参考价值。

1.3.2.2 绿地分形与分维

城市形态与结构分维从城市整体与各类用地的分维关系研究，逐渐转向城市内部某一类用地分维特征研究，城市形态分形是城市发育到一定阶段涌现出的有序格局和复杂结构，而城市某一类用地形态分形是城市系统及内部子系统自组织演化到更高阶段的产物。城市绿地分形从城市形态分形分离出来，逐渐发展成为一个新的分支。城市绿地具有生态、经济、美学等多种价值，是绿色发展、城市建设和人居环境的重要内容[151]，城市绿地分形研究对绿地空间发展和绿地景观格局具有重要意义。

Batty[152]最初将绿地作为"空地"（Open Space）的组成部分研究英国斯文顿市（Swindon）的土地利用结构，并计算了其边界维数为1.08；赵晶等[149]将绿地统计为"其他用地"研究上海市土地利用结构，计算了其边界维数为1.11半径维数为1.78；冯键[148]和赵辉[153]研究杭州和沈阳土地利用结构分形时将此类用地称为"绿化用地"，赵辉等[153]计算了其边界维数1.32半径维数2.64网格维数为1.32；陈群元等[154]研究长沙土地利用形态分形时选择了绿地中的"公共绿地"，其半径维数在0.8~1.0；朱晓华等[155]研究了辽宁省土地利用结构分形的多尺度转化，将绿地统计为林地、草地和耕地三种类型，计算了其边界维数在1.43~1.78之间；于苏建等[156]利用分形模型专门计算了福州市"公园绿地"的空间格局，半径维数为1.23，网格维数为1.27；Alexandru-Ionu P等[156]研究了罗马尼亚14个城市"绿色基础设施"（Green Infrastructure）整体的分形，他将绿色基础设施分为农业景观（Agricultural），包括森林的绿地（Green Space-forest）、运动休闲设施（Sport & Leisure）和水域（Water），分维结果在0.30~0.90；金云峰等[157]将"游憩绿地"作为研究对象研究绿地系统布局，边界维数为1.49~1.89，半径维数为0.79~1.11；刘杰等[158]测算了上海市中心区多年绿地系统整体的分维数，边界维数平均值为1.78，半径维数平均值为3.04；P. A. Versini等[159]测算了欧洲9个城市绿色屋顶的分维，网格维数为0.49~1.35。

1.3.3 城市绿地热环境效应

近50年来，发展中国家的快速城市化过程引发了城市地表热环境的剧烈变化。城市是一种以人类活动为中心的社会、经济、生态复合的复杂系统。城市绿地作为城市生态环境和绿色基础设施的重要组成部分，通过降温增湿、固碳释氧、减噪抗污等生态功能，对提高环境质量和人居环境舒适度具有重要的作用，为城市可持续发展提供生态服务保障。

1.3.3.1 城市热环境

城市热环境的研究内容，主要集中在城市热环境时空演变特征及影响因素、城市热环境形成机制及改善研究两大方面。

城市热环境时空演变，研究数据主要来源于遥感数据反演的地表温度和气象数据观测模拟的大气温度数据。城市热岛研究的最早记录源于大气温度的气象数据[160]，直到PK Rao[161]应用遥感数据开展热岛研究，城市热环境研究进入了地表层面。当前卫星遥感数据已成为城市热环境研究的主要数据来源，城市地表热环境遥感成为研究热点。通过卫星热红外遥感数据反演地表温度的方法可归纳为单通道算法、多通道算法、劈窗算法三种类型。Sobrino等[162]使用了地表温度和空气温度两种数据研究了街区尺度城市热环境的不同时段的变化特征；Dousset等[163]利用NOAA AVHRR影像数据对洛杉矶地表热环境的昼夜变化进行了分析；Zak ek等[163]应用MODIS等卫星数据法和移动窗口分析等方法研究了欧洲中心城市地表热环境的日变化；刘帅等[164]应用HJ-1B数据和2.5维高斯表面模型研究了北京市地表热环境的季节变化，葛荣凤等[165]利用TM遥感影像数据对北京市热岛效应的年际变化进行了分析。近年来城市热环境的影响因素研究向多学科多尺度深入，影响因子涉及建筑指标[166-167]、绿量[168]、景观格局[169]、城市空间结构[170]、城市形态指标[171]、土地利用[172]、人类活动[173]等。沈中健等[174]探讨了多种地表因素与热岛强度的关系，包括了植被指数、水体指数、天空视域、不透水面、建筑指标等。

热岛效应对城市热环境带来的影响引发了许多专家学者从事地表热岛的改善研究。以城市绿地、水体为主导的"冷岛效应"，是目前公认缓解城市热环境最经济有效的手段[175]。大量学者以绿地水体为研究对象，通过城市绿地水体的优化缓解热岛[176]。此外，建筑冷材料使用[166]、合理的土地利用类型和布局[177]、通风廊道建设[178]、海绵城市建设[179]、城市规划[180]以及空调系统优化[175]也是缓解城市热岛的有效策略。

1.3.3.2 绿地热环境效应

城市绿地具有多种生态服务功能，是缓解城市热环境问题的有效策略。城市绿地热环境效应研究是城市热环境研究中的热点。通过研究城市绿地对热环境的影响机制，在有限的城市土地资源中，通过合理配置绿地空间，使其发挥最大的降温效应具有重要意义。城市绿地热环境效应的研究内容主要集中在以下两个方面。

（1）城市绿地降温功能特征及机制研究。植物的遮阴和蒸腾作用是城市绿地降温效应的主要原因之一，因此降温功能的发挥与植被自身特征、太阳辐射强度和植被复层结构密切相关。植物单体和群落的降温作用受叶面积密度（LAD）、蒸腾速率、树冠直径、郁闭度（冠层密度）和叶片光学性质等因素影响[181-183]。绿地的降温效应的日间变化呈现出"山峰型"[184-185]，季节变化中夏季的降温效果最好冬季最差[186]。刘娇妹等[187]以公园绿地内的植物群落结构为研究对象，测试了绿地覆盖率和植被复层结构的温湿效应，结果表明覆盖率大于等于60%时具有明显降温效应，乔、灌、草复合型绿地的降温范围和降温强度最大。大量研究表明，城市绿地类型、景观结构、空间格局特征均对降温效应有显著影响；程好好等[188]研究了深圳绿地类型及格局特征与地表温度的关系，结果表明人工绿地的降温效应低于自然绿地，NDVI和聚集度指数与热岛强度呈正相关，而均匀度和碎裂化指数呈负相关；雷江丽等[189]研究了绿地空间结构对降温效应的影响，发现绿地斑块面积、周长、形状指数与降温效应正相关，乔、草型绿地的降温效应最高；刘艳红等[190]运用CFD数值模拟方法研究了绿地空间格局对热环境的影响机制，结果表明乔木层的降温作用最大，楔形布局的绿地热环境效应最高。

（2）城市绿地对周边环境的降温作用。城市绿地对周围环境有着明显的降温作用。绿地对周边环境的降温作用的关键问题在于，研究不同绿地降温指标的阈值以及绿地自身特征如何影响降温指标。EM Chibuike等[191]以公园绿地为研究对象，发现在绿地周围350m范围内降温幅度为4℃，在300m范围内绿地形状与降温强度呈负相关；Y Hai等[192]实地测量了大型城市公园周边空气温度，结果表明绿地与周边环境温差在0.6~2.8℃。一般来说，绿地的面积、周长、形状指数、绿量、景观格局等都是影响降温效果的关键因素。绿地面积和周长对降温效果的影响显著[193-194]，与绿地内外地表温度呈负相关，与降温幅度及降温范围呈正相关。但绿地面积增加到一定阈值时，降温效果不再明显增加，而逐渐趋近稳定状态[195]。不同学者对于阈值研究的结论差别较大，在40~80hm^{2}之间[186, 195]。当面积指标相同时，形状特征对降温效果具有较大影响，用形状指数来表征。形状指数与绿地内部的降温强度呈负相关[196-198]，与绿地周边环境的降温范围呈正相关[195]。苏泳娴等[199]以广州市17个公园绿地为研究对象，等面积下长宽比≥2的公园降温效果更优；冯悦怡等[200]以北京24个公园绿地为研究对象，研究发现降温幅度与公园绿地面积无关，受三维绿量和硬质地表比例影响较大，降温范围与绿量无关而与林地面积正相关；栾庆祖等[201]以绿地周边建筑物作为热环境影响承载体中介，研究发现在100m空间分辨率的尺度下，面积在0.5km^{2}以上的绿地斑块对周边100m范围内建筑物具有明显降温效应，降温幅度为0.46~0.83℃，绿地斑块的面积、周长、形状指数、植被覆盖度与其降温幅度没有显著相关性。

1.3.4 相关研究评述

（1）城市绿地建设评价的量化指标不充分，对城市绿地系统发展和规划的指导性不足，与国土空间规划实践的衔接性不足。

城市绿地结构和空间布局是城市绿地规划的重要内容，其形态与分布的合理程度影响绿地的生态和环境效益。目前中国绿地建设评价标准缺少城市绿地形态、结构和空间布局的量化指标。当前，相关研究中用来评价城市绿地系统空间结构的指标主要为绿地景观连通性、廊道密度、均匀度指标、破碎化、可达性等。这些指标虽然能量化成具体数值，但不能通过这个数值直接反映城市绿地系统发展状态和城市绿地系统规划的合理性。因此，指标的实践指导意义不足。另外，现有的评价尺度通常面向市域、市区或者城市建成区，而国土空间规划实践和治理过程通常从城市的基础单元展开，例如，城市控规管理单元、

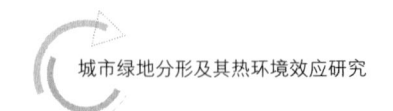

街道、社区等。因此，现有的评价方法与国土空间规划实践的衔接性不足。

（2）城市绿地分形研究尚处于起步阶段，城市绿地分形性质判定与分维测算有必要在全球范围内持续开展。

目前，国内外绿地分维测算结果不具有可比性，主要表现在以下三个方面：第一，由于国内外对于城市绿地的统计口径不统一，不同的绿地统计方法直接影响分维结果；第二，使用不同分形模型进行的分维测算反映出不同的地理意义，而现有研究通常只使用一种分形模型；第三，绿地信息的获取对象和精度不同，同一研究区内的分维测算精度存在差异。目前城市绿地分形在国内外都尚处于起步阶段，尚不能探讨绿地分维的平均值和理想绿地系统分维值的演化过程。因此，有必要开展持续的城市绿地分形研究以及进行普遍的分形判定和分维测算。目前城市绿地分形研究尚存在以下不足：

①多以公共绿地为研究对象，而把城市绿地作为一个系统进行分形研究的案例较少。

②城市绿地纵向分维演化研究较多，而从不同视角对绿地系统内部横向分维比较研究较少。如果绿地分维值本身不能评价城市绿地是否发展到理想状态，但横向的分维值比较却能够反映更多绿地形态和结构信息且具有科学意义。

③只关注绿地自身的分形特征，缺少绿地分形的机理研究以及绿地分形与其他地理现象的相关性研究。

（3）城市绿地热环境效应及降温机制的研究持续热化，从关注绿地自身形态指标发展到关注绿地系统的结构性指标。

城市绿地建设是缓解城市热环境问题最为经济有效的策略，城市绿地热环境效应及机制研究持续热化。一方面，从关注绿地自身特征的指标（如绿地面积、形状、叶面积指数、绿量等），发展到关注绿地系统结构特征的指标，如绿地景观格局指数（包括景观类型比例、聚集度指数、破碎度等）、绿地空间分布和绿地布局形式等。另一方面，随着城市绿地信息提取精度的提高以及国土空间精细化治理的要求，给绿地热环境效应的研究提出了更高的精度要求。综合已有的研究，城市绿地热环境效应研究仍存在以下不足：

①绿地的降温效应研究中，关于降温幅度、降温范围等重要指标的阈值和作用机理尚未形成普遍定论，目前相关研究结论存在较大差异，很难科学制定

城市绿地空间结构优化策略。

②研究对象以公园绿地居多，对城市绿地系统整体的研究较少，样本量少和地域差异可能是研究结果差别较大的原因之一。

③绿地降温机制研究中，关于绿地面积的研究限于单一样本，缺少对于面积层级的讨论；关于绿地类型的讨论较为宽泛，多反映绿地自然属性分类，缺少反映绿地社会经济属性的分类；关于绿地结构布局的研究多以景观格局指标进行量化，有待进一步拓展深入。

1.4　科学问题与创新之处

1.4.1　科学问题

（1）城市绿地系统的分形演化过程和分维特征如何？
①城市绿地系统分形中绿地统计标准。
②利用多种分形模型进行绿地分形判定和分维测算的技术方法。
③依据城市绿地分形特征如何判断城市绿地发展状态和建设水平？
（2）城市绿地分形如何影响城市热环境指标？
①城市热环境指标的时空特征。
②绿地分形指标与热环境指标的相关性和空间异质性。
（3）城市绿地系统高质量发展的策略。
①基于城市绿地分形的绿地系统发展建议。
②基于绿地热环境效应的绿地系统治理对策。

1.4.2　创新点

（1）使用高分遥感影像数据，提高了城市绿地分形判定与分维测算的研究精度；使用多种分形模型和空间分析方法，丰富了城市绿地分形研究的方法体系。

以往的相关研究通常使用Landsat TM影像（分辨率30m）研究城市绿地分形，由于数据精度的限制，1hm^{2}以下的绿地斑块通常不被识别，严重影响了绿地分形的研究结果，同时也限制了研究对象多面向城市公共绿地。本书使用SPOT5和GF1两种高分遥感影像，数据精度提高到3m左右，防护绿地中的绿化带和附属绿地斑块都能轻松识别，提高了绿地分维测算结果和分形判定的精度，同时也将研究对象提高到了城市绿地系统和各级、各类绿地，研究尺度缩小到温度区和街区管理单元。

研究使用了三种分形模型进行城市绿地分维测算和分形判定，讨论了三种分形模型在城市绿地分形中的判定方法，优化了利用半径维数进行绿地分维测算的技术方法。在空间分析方法的应用中，对不一致性指数模型进行改进，首次应用于城市绿地分形与地表温度空间异质性的分析中。采用了新版城市绿地分类标准和国土空间规划中街区管理单元的研究尺度，增强了研究结果的现实意义和实践应用性。

（2）首次以分形理论的视角和方法，研究绿地结构性指标的热环境效应，丰富了分形理论在绿地建设评价中的应用。首次提出城市绿地分形的三种基本指标，丰富了城市绿地分形的理论体系。

城市绿地的三种分形维数分别反映了城市绿地系统形态、结构和空间分布，补充了城市绿地热环境效应和降温机制的结构性量化指标。在城市热环境的影响因素中，尚未出现过绿地分形的研究视角。分形理论视角和分形指标的讨论，在城市绿地与热环境效应的定量关系研究中进行了尝试，为科学制定城市绿地空间结构优化策略提供了新的方向。

本书提出了两种绿地统计方法，一种面向绿地斑块自然属性进行面积分级，一种面向绿地系统社会属性进行功能分类。基于以上两种绿地统计方法，首次提出了绿地分形的三种基本指标，即城市绿地系统分形、城市绿地等级分形、城市绿地类型分形。系统地研究了城市绿地系统纵向分形演化过程，以及针对绿地分级、分类两种不同视角下的绿地分形横向比较研究，丰富了城市绿地分形的理论研究内容和理论体系。

1.5　主要研究内容

1.5.1　城市绿地系统分形判定与分维演化过程

基于SPOT5和GF1两种高分遥感影像，对2007年、2010年、2014年、2016年、2019年五个年份的绿地信息进行提取。使用网格维、边界维和半径维三种分形模型，分别对绿地系统进行分维测算，分析绿地系统分维演化过程和分形特征。通过绿地系统分形演化的纵向研究，判断大连市绿地系统的发展过程和建设水平。

1.5.2　各级、各类城市绿地分维测算与分形特征

依据新版《城市绿地分类标准》（CJJ/T 85—2017）和研究区域内绿地现状将城市绿地系统分为公园绿地、广场绿地、防护绿地、附属绿地和其他绿地5种类型。依据绿地信息提取的精度、综合性公园建设面积标准以及相关研究，将城市绿地系统按照绿地斑块面积大小分为 $[10,100)m^2$、$[100,1000)m^2$、$[1000,10000)m^2$、$[10000,100000)m^2$、$100000m^2$ 以上5个等级。使用网格维、边界维和半径维三种分形模型，对2019年的绿地信息进行分级的分维测算和分类的分维测算。通过分级、分类的视角，进行绿地分形的横向比较研究，分析各级、各类绿地发展状态和建设水平。

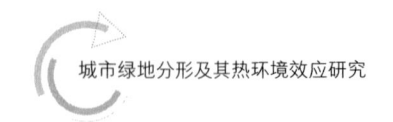

1.5.3 城市绿地分形与热环境的相关性研究

基于Landsat TM数据和大气校正法的地表温度反演的方法，反演2007年、2010年、2014年、2016年、2019年五个年份的地表温度信息。通过核密度分析等空间分析方法，将研究区分为高温区、中温区、低温区3级温度区，提取五个年份的温度区范围并对各温度区内的热环境指标进行统计。同时，基于高分遥感影像数据提取5期数据各温度区内的绿地信息，采用三种分形模型分别测算绿地分形维数。然后将各温度区内的绿地分形指标和热环境指标进行相关性分析，分析各温度区内绿地分形对热环境的作用机制。

1.5.4 城市绿地分形与热环境的空间异质性研究

采用网格维和边界维两种模型，对大连市78个街区管理单元内的绿地分形及地表温度进行测算，分析街区尺度下的绿地分形特征及热环境特征。将78个街区管理单元内部的绿地面积、周长、网格维、周长—尺度边界维、周长—面积边界维5个指标作为因变量，地表温度作为自变量进行空间自回归分析，探索5个绿地指标对热环境的驱动机制。对不一致性指数模型进行改进，分析绿地分形与热环境的空间异质性，评估研究区78个街区单元内绿地发展质量空间差异。

1.6 本章小结

本章主要介绍了研究背景与立题意义，厘清了相关概念，分析了理论研究基础。从城市绿地建设评价、城市绿地分形、城市绿地热环境效应三方面进行国内外相关研究综述，提出目前相关研究的不足之处。从而提出本书需要解决的科学问题及创新点，并进一步介绍了本书的重要研究内容。

研究数据与方法

2.1　研究区域概况

大连市中心区（38°47′N～39°07′N，121°16′E～121°45′E）位于辽东半岛南端，地处黄渤海之滨，是我国东部沿海地区重要的经济、贸易、港口城市。主要包括中山区、沙河口区、西岗区、甘井子区4个行政区，研究区总面积约为550.27km^2。

大连市地形主要以山地丘陵为主，平原低地为辅，在长期发展过程中形成滨海岩溶地貌发育的复杂多样的海岸地貌。大连地区大多数山坡相对高差小于200m，海拔不超过500m。大连市中心区主要地貌类型包括构造剥蚀地形、剥蚀堆积地形、风成地形和堆积地形等类型。受到城市居民日常活动的长期影响，较多的自然植被逐渐取代，目前常见的植被类型总体上可分为自然或半自然植被以及人工植被两种类型。自然或半自然植被以华北植物区系为主，主要包括针叶林、阔叶林、针阔混交林和多种灌丛植被等。人工植被覆盖了大连市区及各城区的大多数绿地，由大连市园林树种普查可知，现有城市绿化树种共62科四百多种，包括许多东北地区仅有或者罕见的园林树种。

大连市位于北半球暖湿带，属于海洋性过渡气候。黄海沿岸属于暖温性湿润大陆性季风气候，渤海沿岸属于暖温性亚湿润大陆性季风气候，在气温及降水方面存在着较大的差异。大连市春季风大，夏季潮湿，秋季凉爽，冬季北风盛行，形成气候温和且四季分明的气候特点。年平均气温在北部地区介于8.8～9.5℃之间，在南部地区为10.5℃，自东北向西南递增，最高值在大连市区，最冷月份1月份的平均气温介于4.5～8℃之间，最暖月份的平均气温约为24℃，冬无严寒夏无酷暑，成为东北地区著名的疗养胜地。大连地区的年极端最高气温和年最低气温分别为35.8℃和-29.3℃，气温日较差自北向南呈递减趋势，气温年较差介于28.7～31.8℃之间。

自20世纪90年代起，大连市城市社会经济发展水平迅速提高，城市中心区建筑密度和容积率不断攀升，人居活动强度较高。相对于周边地区而言，大连市城市中心区具有显著的热岛效应。相关研究表明[13-14]，2017年城市中心区地表温度超过33℃的面积为65.5%，其中，28.5%的区域温度范围在33～35℃之间，37.0%的区域地表温度以＞35℃为主；而在周边地区，温度要较中心区低1～3℃，43.8%的地表温度在30～33℃之间，只有24.1%的区域地表温度超过33℃。另外，大连市十分重视城市生态环境发展和城市绿地规划建设[15]。2000年被联合国评为世界城市人居环境建设典范城市之一，2001年成为中国第一个获得"全球环境500佳"的城市，2014年大连市政府先后编制了《大连市城市绿地系统规划（2014—2020）》《大连市城市绿线专项规划（2014—2020）》，2019年大连市域森林覆盖率41.5%，林木绿化率50%。综合以上，研究区域内植被类型丰富、城市绿地发展较为成熟，而热岛效应显著、热环境问题突出，研究区具有代表性和典型性。

2.2 数据来源及预处理

研究使用数据主要包括三个部分：一是利用高分遥感影像数据进行绿地信息提取；二是利用 Landsat TM 数据进行地表温度反演，作为地表热环境的指标，下载的数据均为5、6月份无云良好的遥感影像，影像条带号为120、33；三是用于帮助绿地分类的城市建筑数据、土地利用的 POI 数据、城市路网数据等（表2-1）。

表2-1 数据说明及来源

数据名称	获取时间	数据说明	数据来源
SPOT5	2007年、2010年、2014年	分辨率2.5m，波段4个	大连市自然资源局
GF1	2016年、2019年	分辨率2m，波段3个	大连市自然资源局
Landsat-5 TM	2007年5月23日、2010年5月29日	分辨率30m，无云良好	glovis官网
Landsat-8 OLI/TIRS	2014年5月26日、2016年6月16日、2019年6月25日	分辨率30m，无云良好	glovis官网
大连市建筑数据	2019年	数据显示建筑物平面形态	高德地图

续表

数据名称	获取时间	数据说明	数据来源
大连POI数据	2019年	提取了公园、广场两类POI	高德地图
大连路网数据	2019年	包括主干路、次干路、支路	大连市自然资源局

高分遥感影像的预处理包括对影像数据集进行坐标系定义、几何校正、SPOT影像需要进行图像融合和镶嵌，按照研究区进行图像裁剪。运用ENVI5.3软件中的Haze Tool插件剔除云层污染。

采用最大似然法监督分类和目视解译相结合的遥感分类方法，提取绿地信息。首先获取监督分类初步结果：将遥感影像分为绿地、水体、裸地、道路、建筑5个类型建立ROI，然后采用最大似然法进行监督分类，根据影像分辨率大小并经过反复试验，输入参数阈值为0.05，具体操作方法参见陈康林等研究成果。然后进行精度验证：在对应时相景观类型图和对应年份Google Earth影像图上选取验证点，对分类结果计算分类混淆矩阵，各年度的分类总精度、绿地单项分类精度均在90%以上，Kappa系数在0.85以上（表2-2）。

表2-2 高分影像绿地信息提取精度验证

年份	总精度	Kappa系数	绿地单项分类精度
2007	302940/328750 92.149%	0.865	93.38%
2010	173533/191322 90.702%	0.851	94.59%
2014	1163008/1264156 91.998%	0.865	95.40%
2016	149698/160200 93.444%	0.860	92.03%
2019	396674/431444 91.941%	0.848	96.01%

将分类后的遥感影像进行处理：利用ENVI软件的Clup Classes工具进行聚类，对聚类后的图像进行重分类获得二值图，然后导入ArcGIS中提取绿地信息，并导出为shp格式文件。由于SPOT5影像融合后的分辨率为3m，研究中剔除$10m^2$以下的绿地斑块进行数据标准化，然后对矢量数据集进行拓扑检查，得到最终的绿地信息数据集。

2.3 主要研究方法

2.3.1 绿地分形模型

2.3.1.1 网格维

网格维主要是采用盒子计数法对城市用地进行测算,其测算过程为:研究地理对象(如城市绿地)被一个矩形区域所覆盖,该矩形区域的一个边长 r 为 L,此时仅有一个矩形区域被研究地理对象所占用,则非空网格数目为 $N(L)=1$;将矩形区域切割成 4 个大小相等的小矩形,其小矩形的一个边长 r 为 $L/2$,该非空网格数目为 $N(L/2)$;对小矩形区域进行进一步划分,即将大矩形区域进行 16 等分,其小矩形的边长 r 为 $L/4$ 即 $L/2^2$,该非空网格数目为 $N(L/2^n)$。此时,如果城市绿地存在分形特征,则根据分形理论显示[202]:

$$N\left(\frac{L}{2^n}\right) = 2^{-D} N\left(\frac{1}{2^{n+1}}\right) \qquad (2-1)$$

符合负幂函数:

$$N(r) \propto r^{-D} \qquad (2-2)$$

满足上式定义的标度不变性,则 D 为分形维数。如果网格尺度 r 与非空网格数目 $N(r)$ 之间存在负幂指数关系,即可判定城市绿地存在分形特征。一般而言,对于城市分形来说网格维数 D 的取值范围为 $[0, 2]$。就地理几何意义而言,网格维表征城市某一用地类型的填充程度即土地利用类型的均衡程度,其数值越大,城市用地空间分布均衡性特征越显著,数值越小,城市用地空间分布集中性特征越明显。

2.3.1.2 边界维

边界维的定义方法有两种,分别为基于周长—尺度关系以及基于周长—面积关系进行定义。其中,通过周长—尺度关系所定义的边界维数,通过盒子计数法得以实现:矩形的边长 r 与覆盖边界线的非空网格数目 $N(r)$,依据分形理论

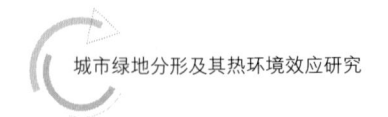

可得出[158]：

$$\ln N(r) = -D \ln r + C \quad （2-3）$$

式中：C 为待定常数；D 为边界维数。

通过周长—面积关系所定义的边界维数，主要的研究思路是：设城市某一用地类型为封闭区域，该区域面积为 A，周长为 P，假定该区域边界为分形线并用维数 D 来表示，则根据几何测度关系可得出：

$$A = kP^{\frac{2}{D}} \quad （2-4）$$

式中：k 为待定常数，对通过周长—尺度关系所定义的边界维数进行双对数变换可得：

$$\log A = \frac{2}{D} \log P + C \quad （2-5）$$

通过盒子计数法对分维进行估值，覆盖边界线的非空网格数目 $N(r)$ 和覆盖面积的非空网格数目 $M(r)$ 为：

$$\ln N(r) = \frac{2}{D} \ln M(r) + C \quad （2-6）$$

通过周长—尺度关系所定义的边界维数只能反映城市绿地边界线的复杂程度，其数值越大，城市绿地的边界线越复杂。一般而言，对于城市形态来说，D 的取值范围在 0~2 之间。通过周长—面积关系所定义的边界维数在一定程度上能够反映出城市用地分布的更多信息，除了能够反映城市用地边界的复杂程度外，还能表现出城市用地的破碎程度以及其用地结构的稳定程度[23]。理论上，对于城市整体的用地结构来说，D 在 1~2 之间，当 $D<1.5$ 时，城市绿地形态较为单一，当 $D=1.5$ 时，城市绿地形态处于一种类似于布朗运动的随机状态，当 $D>1.5$ 时，城市用地结构较为复杂。

2.3.1.3 半径维

半径维的理论基础距离衰减律，表现出城市中心区到边缘区之间的一种距离衰减关系，能够反映城市用地的生长特征，主要是利用半径法对半径维进行测算。主要研究思路为，设以城市中心为圆心做同心圆，计算半径为 r 的圆内的城市某一用地类型的面积 $N(r)$，在此背景下存在如下面积—半径标度关系[203]：

$$N(r) = N_0 r^D \qquad (2-7)$$

两边取对数可得：

$$\ln N(r) = \ln N_0 + D \ln r \qquad (2-8)$$

式中：N_0 为常系数；D 为半径维数。半径维数为城市某一用地类型，其密度由城市中心区向边缘区逐渐递减的相对速率，当 $D>2$ 时，城市用地密度由城市中心区向边缘区之间递增；当 $D=2$ 时，城市用地密度不存在变化；当 $D<2$ 时，城市用地密度由城市中心区向边缘区之间递减。

2.3.2 地表温度反演

本研究中的地表温度反演采用大气校正法（又名"辐射传导方程法"），运用 ENVI 软件对 Landsat 数据进行处理，对地表温度进行反演。该方法的基本原理是：首先估计大气对地表热辐射所产生的影响，然后在卫星传感器所观测到的热辐射总量中减去这部分影响，从而得到地表热辐射强度，再把得到的地表热辐射强度转化为相应的地表温度，流程图如图2-1所示。

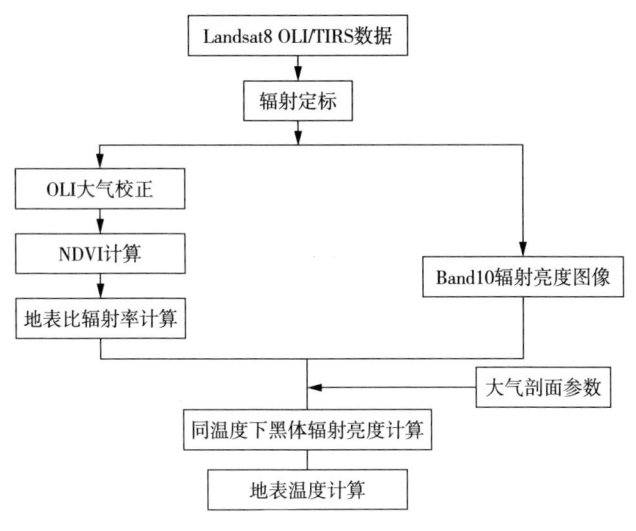

图2-1 基于大气校正法的TIR反演流程图

卫星传感器接收到的热红外辐射亮度值 L_λ 由三部分组成：大气向上辐射亮度 $L\uparrow$，地面的真实辐射亮度经过大气层之后到达卫星传感器的能量；大气向下辐射到达地面后反射的能量。地表温度反演的步骤如下：

2.3.2.1 图像辐射定标

利用辐射定标方法将卫星传感器中所记录的电压或数字进行量化转换，将其转化为绝对辐射亮度值（辐射率），或是与地表（表观）反射率、表面（表观）温度等物理量有关的变量值。在此基础上，将图像数据定标为辐射亮度值（Radiance），通过以下公式进行定标[204]：

$$L = \text{Gain} \times DN + \text{Offset} \quad (2-9)$$

式中：Gain 和 Offset 为每个波段的自带参数。

2.3.2.2 地表比辐射率计算

Sobrino 认为地表由植被和裸地两部分组成，利用 NDVI 对地表进行分类，使用 NDVI 阈值法测算地表比辐射率。在此基础上，本研究采用混合模型方法对地表比辐射率进行测算[205]。

当 NDVI < 0.2 时，地表完全被裸地所覆盖，此时地表比辐射率值为裸地典型发射率值 0.973。

当 0.2 ≤ NDVI ≤ 0.5 时，地表包含植被、裸地两部分，此时地表比辐射率为：

$$\varepsilon = 0.0004 Pv + 0.986 \quad (2-10)$$

当 NDVI > 0.5 时，地表完全被植被所覆盖，此时地表比辐射率值为植被典型发射率值 0.986。式中：Pv 为植被覆盖度，其计算公式如下：

$$Pv = \left[(\text{NDVI} - \text{NDVI}_{\text{Soil}}) / (\text{NDVI}_{\text{Veg}} - \text{NEVI}_{\text{Soil}}) \right] \quad (2-11)$$

式中：NDVI 为归一化植被指数；$\text{NDVI}_{\text{Soil}}$ 为完全是裸土或无植被覆盖区域的 NDVI 值；NDVI_{Veg} 为完全被植被所覆盖的像元的 NDVI 值。此处采用简化 ENVI 中的植被覆盖度计算模型计算得到 NDVI 值，再通过波段计算，得到植被覆盖度图像。

$$\mathrm{NDVI} = \left(\rho_{\mathrm{NIR}} - \rho_{\mathrm{RED}}\right) / \left(\rho_{\mathrm{NIR}} + \rho_{\mathrm{RED}}\right) \quad (2\text{-}12)$$

$$\left(b_1 gt 0.7\right) \times 1 + \left(b_1 lt 0.05\right) \times 0 + \left(b_1 ge 0.05 \text{ and } b_1 le 0.7\right) \times \left[\left(b_1 - 0.05\right) / \left(0.7 - 0.05\right)\right] \quad (2\text{-}13)$$

式中：b_1 为 NDVI 值。

再将植被覆盖度图像代入，得到地表比辐射率图像。

$$0.004 \times b_1 + 0.986 \quad (2\text{-}14)$$

式中：b_1 为植被覆盖度图像。

2.3.2.3 黑体辐射亮度与地表温度计算

在 NASA 公布的网站（http://atmcorr.gsfc.nasa.gov），输入成影时间（格林尼治时间）、中心经纬度及其他相关参数，得出大气剖面信息：

Ⅰ 大气在热红外波段的透过率 τ：0.83

Ⅱ 大气向上辐射亮度 $L\uparrow$：1.35 W/(m²·sr·μm)

Ⅲ 大气向下辐射亮度 $L\downarrow$：2.25 W/(m²·sr·μm)

根据式（2-15）[206]，计算得到同温度下的黑体辐射亮度图像：

$$\left[b_2 - 1.35 - 0.83 \times \left(1 - b_1\right) \times 2.25\right] / \left(0.83 \times b_1\right) \quad (2\text{-}15)$$

式中：b_1 为地表比辐射率图像；b_2 为 Band10 辐射亮度图像。依据式（2-16），计算得到单位为摄氏度的地表温度图像：

$$(1321.08) / a \lg\left(774.89 / b_1 + 1\right) - 273 \quad (2\text{-}16)$$

式中：b_1 为在同样温度下的黑体辐射亮度图像，之后便能得出地表温度图像。

为消除遥感影像之间存在的时空差异，采用极差标准化对地表温度进行归一化处理。

2.3.3 其他统计分析方法

2.3.3.1 分区统计

分区统计是用于根据来自其他数据集的值（栅格）为每一个由区域数据集定义的区域计算统计数据。以大连市中心区范围为基础创建两种类型的数据集：

（1）以大连市国土空间街区管理单元为空间单位的行政管理数据集。

（2）对研究区内的地表温度指标进行分级，形成高温区、中温区、低温区的温度区数据集。

然后将研究区域内的绿地分形数据和热环境数据分别连接到各类型数据集中，建立研究区的基础数据库，进行相关统计分析。

2.3.3.2 核密度分析

核密度分析法能够清晰地反映出地理要素在空间上的分布特征及其空间分布形态的变化[207]，研究利用核密度分析法分析地表温度空间格局，提取温度区的范围。其计算公式如下：

$$\hat{\lambda}_h(s) = \sum_{i=1}^{n} \frac{3}{\pi h^4} \left[1 - \frac{(s-s_i)^2}{h^2} \lambda \right]^2 \qquad (2-17)$$

式中：s 为城市地表温度所在位置；s_i 为以 s 为中心的城市地表温度；h 为第 i 处在半径空间范围内的地表温度的位置。

2.3.3.3 空间自回归模型

研究运用 GeoDa 1.6 软件，采用空间自回归模型对 LST 与绿地景观指数进行回归分析，一般而言，常用的空间自回归模型包括空间误差模型（Spatial Error Model，SEM）、空间滞后模型（Spatial Lag Model，SLM）。其计算公式如下[208]：

空间滞后模型：

$$Y = \rho Wy + X\beta + \varepsilon \qquad (2-18)$$

空间误差模型：

$$Y = X\beta + \varepsilon \qquad (2-19)$$

$$\varepsilon = \lambda W\varepsilon + \mu \qquad (2-20)$$

式中：Y为因变量，即LST；X为自变量，即各类绿地景观指数；β为回归系数；μ、ε为随机误差项；W为空间邻接权重矩阵；ρ为空间滞后项的回归系数；λ为空间残差项的回归系数。

在模型选择方面，通过最大对数似然估计（Maximum Likelihood Estimation，MLE）、赤池信息量准则（Akaike Information Criterion，AIC）、Schwartz指标（Schwartz Criterion，SC）与回归模型误差项的Moran I对比不同空间自回归模型的拟合效果。LIK越大，AIC、SC越小，模型残差的Moran I值越接近于0，模型的拟合效果越好。

2.3.3.4 不一致性指数

通过利用不一致性指数对城市绿地分形与地表温度的匹配关系（空间分布不一致性）进行量化分析，计算公式如下[209]：

$$RT_i = T_i / \sum T_i \quad (2-21)$$

$$RG_i = G_i / \sum G_i \quad (2-22)$$

$$I_i = RT_i / RG_i \quad (2-23)$$

式中：T_i、G_i分别为第i个网格的地表均温及绿地分形维数；$\sum T_i$、$\sum G_i$则分别为研究区累计均温、分形维数；RT_i为第i个网格的地表均温占研究区累计均温的比重；RG_i则为第i个网格的分形维数占研究区分形维数总和的比重。RT_i、RG_i值越大，表明格网对地表温度和绿地分形的集聚程度越高。不一致性指数I_i为两个集聚度指数之比。其数值越接近于1，说明两个集聚指数的变化趋势越相似，二者之间具有较好的协同性（一致性）。数值的绝对值越偏离1，此时两个集聚指数的空间分布不协调。

由于城市是一个不断变化的、具有复杂性特征的系统。不一致指数为1的情况很少，因此在此情况下，考虑±5%的动态误差，将不一致性指数计算结果划分为三种类型。$I_i \leq 0.95$时，为绿地分形集聚超前于地表温度集聚；$0.95 < I_i < 1.05$时，为绿地分形集聚与地表温度集聚协调；$I_i \geq 1.05$时，为绿地分形集聚滞后于地表温度集聚。

2.4 研究思路与技术路线

2.4.1 研究思路与框架（图2-2）

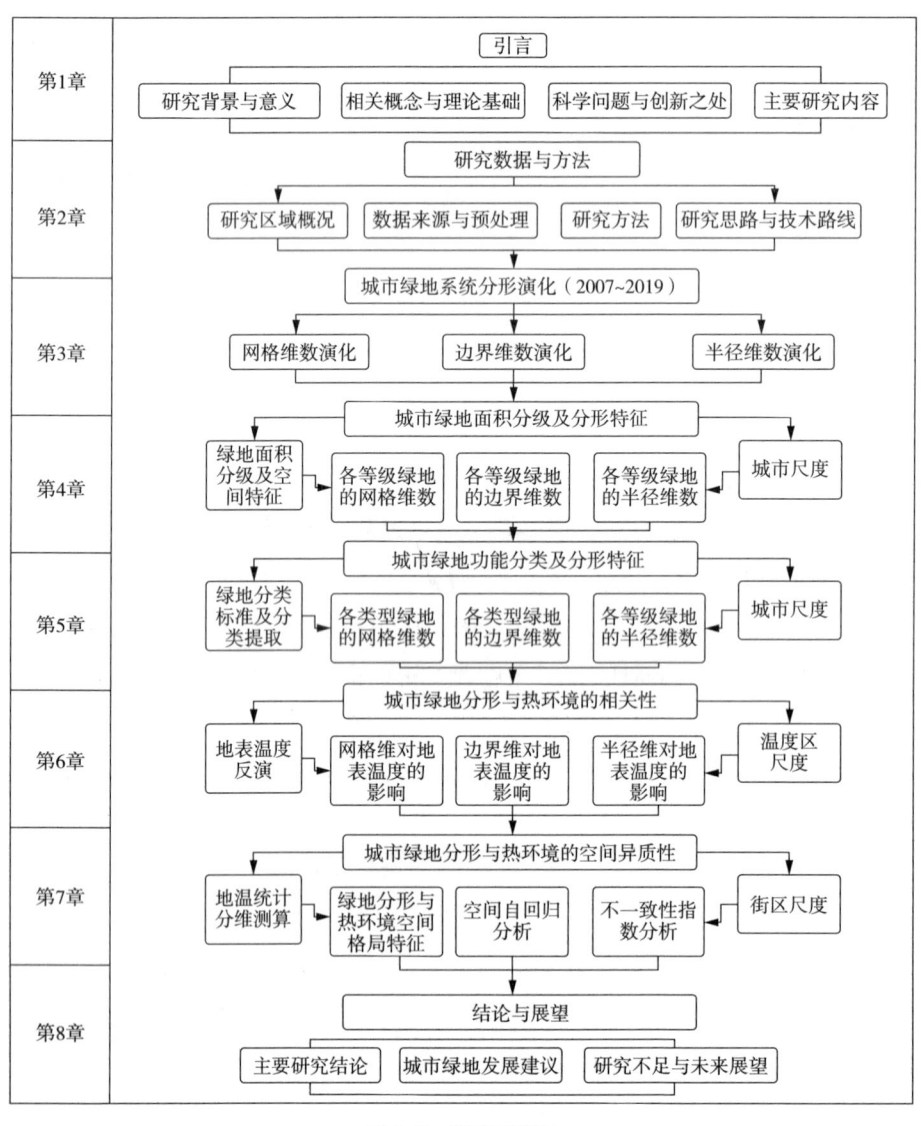

图2-2 研究框架图

本书共包括四部分：

第一部分为第1章、第2章。第1章为引言，主要介绍选题背景与意义、相关概念界定、理论基础，提出科学问题和主要研究内容；第2章主要介绍研究区域、数据与方法，以及研究思路与技术路线（图2-3）。

第二部分主要研究城市绿地分形，包括第3章、第4章和第5章。第3章主要内容为城市绿地系统分形演化；第4章为城市绿地面积分级及分形特征；第5章为城市绿地功能分类及分形特征。

第三部分为城市绿地热环境效应，主要包括第6章、第7章。第6章介绍城市绿地分形与城市热环境的相关性；第7章为城市绿地分形与城市热环境的空间异质性。

第四部分为第8章，包括主要研究结论、城市绿地发展建议、研究不足与未来展望。

2.4.2 技术路线（图2-3）

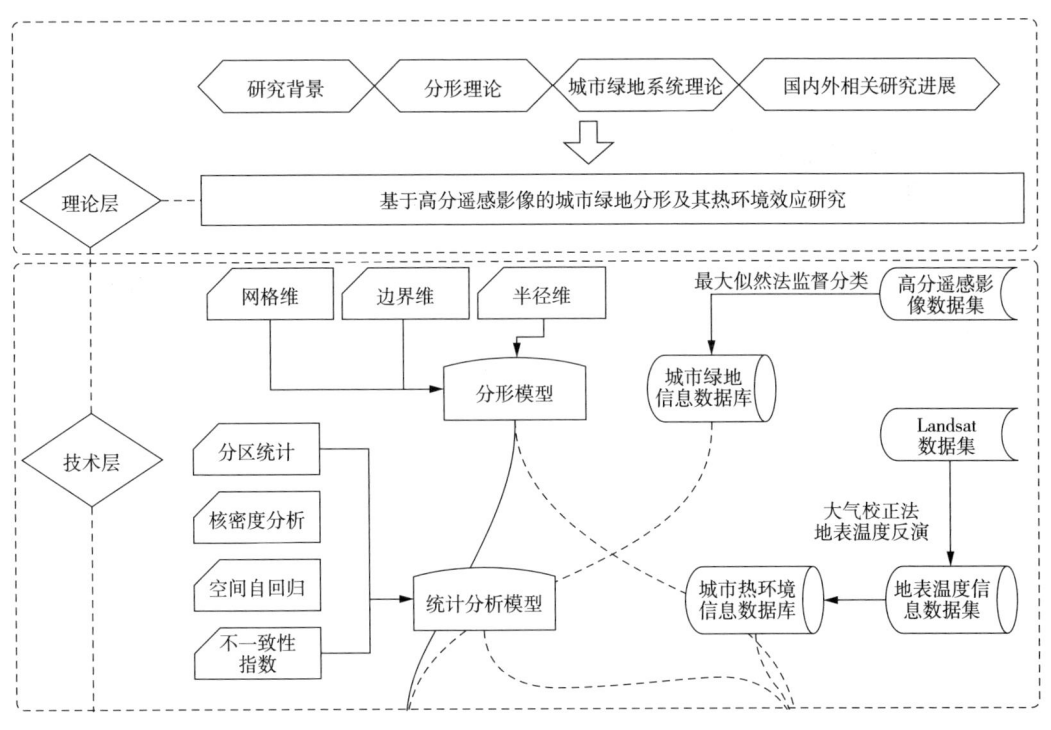

图2-3

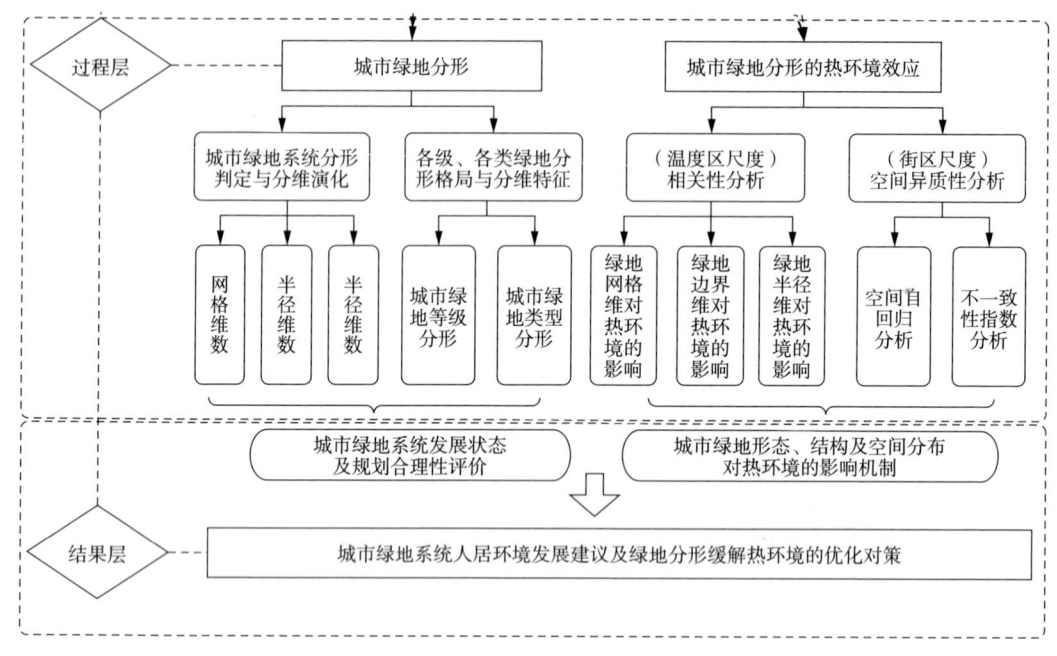

图2-3 技术路线图

2.5 本章小结

本章主要介绍了研究技术基础，包括介绍研究区的概况，分析了研究区的典型性和代表性；陈列了研究需要使用的数据类型、数据来源及数据预处理过程；分类介绍了论文研究中使用的主要技术方法，论述了研究思路、框架与技术路线。

3

城市绿地系统
分形演化

3.1 城市绿地系统斑块特征演化

根据本书2.2章节所述的数据处理方法,获得大连市2007年、2010年、2014年、2016年、2019年五期城市绿地基础数据。

在过去的十多年里大连市绿地斑块空间格局,尤其是研究区的东部和北部发生着较大的变化。利用ArcGIS软件进行绿地斑块统计,将参数演变特征绘制成表3-1。

表3-1 大连市2007~2019年绿地斑块参数演变特征

年份	斑块数量/个	斑块总面积/hm^2	平均斑块面积/hm^2	斑块总周长/km	平均斑块周长/km
2007	33319	29815.22	0.89	7622.91	0.23
2010	20806	28381.87	1.36	6364.69	0.31
2014	39860	29234.39	0.73	11028.69	0.27
2016	61957	29489.97	0.47	14796.86	0.24
2019	145655	29135.90	0.20	21861.61	0.15

由于城市化扩张城镇建设用地面积的迅速增大,大连市绿地斑块总面积由2007年的29815.22hm^{2}缩小到2010年的28381.87hm^2,斑块总周长由2007年7622.91km缩小到2010年6364.69km,斑块数量由2007年的33319个减少到2010年的20806个。随着大连市一系列绿地建设及人居环境发展政策的有效实施,自2014年起城市绿地数量显著回升。2014年大连市绿地斑块总面积增加为29234.39hm^2,2016年增加为29489.97hm^2,2019年缩小为29135.90hm^2,2010~2016年斑块面积增幅为3.90%;2014年绿地斑块总周长增加到11028.69km,2016年增加到14796.86km,2019年增加到21861.61km,2010~2019年斑块周长增幅为243.48%;2014年绿地斑块数量增加到39860个,2016年增加到61957个,2019年增加到145655个,2010~2019年斑块数量增幅为600.06%。从绿地斑块面积、周长、数量三类指标的变化情况来看,大

连市绿地总量的演变特征为2007~2010年迅速减少，2007~2016年迅速回升，2016~2019年间虽然斑块总面积下降，但斑块总周长和斑块数量都显著增大。这说明在大连市土地资源稀缺和新型城镇化发展的矛盾中，不但牺牲了绿地斑块的总量，绿地系统内部也在迅速裂变重组，发生着复杂的变化。

由于数据精度过高，研究区整体的尺度较大，很难在图片中显示出五期数据的明显变化。近年来大连市整体的发展方向为西拓北进，北部钻石海湾地区是规划建设的重点。钻石海湾地区是引领大连市全域城市化的核心引擎，同时钻石湾两岸未来将形成一湾两岸的空间格局，塑造顶级现代滨水活力功能区，是展示未来大连市城市形象的新标志性区域。

街区尺度下，绿地斑块的演变特征明显。2007~2010年街区东部主要增加了带状的防护绿地。2010~2014年大量自然绿地被破坏，绿地面积大量减少。2010~2016年街区内部已经明显形成了由带状绿地分隔的城市路网格局，人工绿地大面积增加。2016~2019年主要变化的是，南部路网内部的绿地斑块增加以及东部大面积的绿地斑块减少。五期绿地的变化，真实演绎了城镇化过程中土地利用的变化，绿地斑块参数演变特征见表3-2。

表3-2　大连市五期绿地2007~2019年绿地斑块参数演变特征

年份	斑块数量 /个	斑块总面积 /hm²	平均斑块面积 /hm²	斑块总周长 /km	平均斑块周长 /km
2007	493	151.59	0.31	88.35	0.17
2010	313	182.36	0.58	92.87	0.29
2014	318	42.74	0.13	53.95	0.16
2016	863	140.76	0.16	154.93	0.17
2019	1777	129.17	0.07	220.59	0.12

3.2　城市绿地网格维数演化

网格维数的估算方法为：

（1）计算研究区内不同尺度 r 下城市绿地面积的非空格子计数 $\ln(r)$。

（2）以 $\ln r$ 为横坐标 $\ln N(r)$ 为纵坐标，将统计后的全部点列构建 ln-ln 坐标图。

（3）借助最小二乘法，幂指数模型进行拟合，依据点列线性分布趋势和拟合优度系数 R^2 初步判定是否具有分形性质。

（4）通过增大或者缩小点列范围并重复步骤（3）的判定方法，确定标度区范围。

（5）进行分维测量及置信陈述。

在操作的过程中，非空格子的统计方法为：利用 ArcGIS 的创建渔网工具，以研究区为参考对象，构建不同尺度 r 的格子组，利用相交和空间连接工具，将绿地斑块连接到不同尺度的格子中，然后统计不同尺度下的非空格子的数量。依照以上方法和 2.3.1 章节中所讲述的网格维模型，将 2007~2019 年五期绿地统计后的全部点列构建双对数图，如图 3-1 所示。

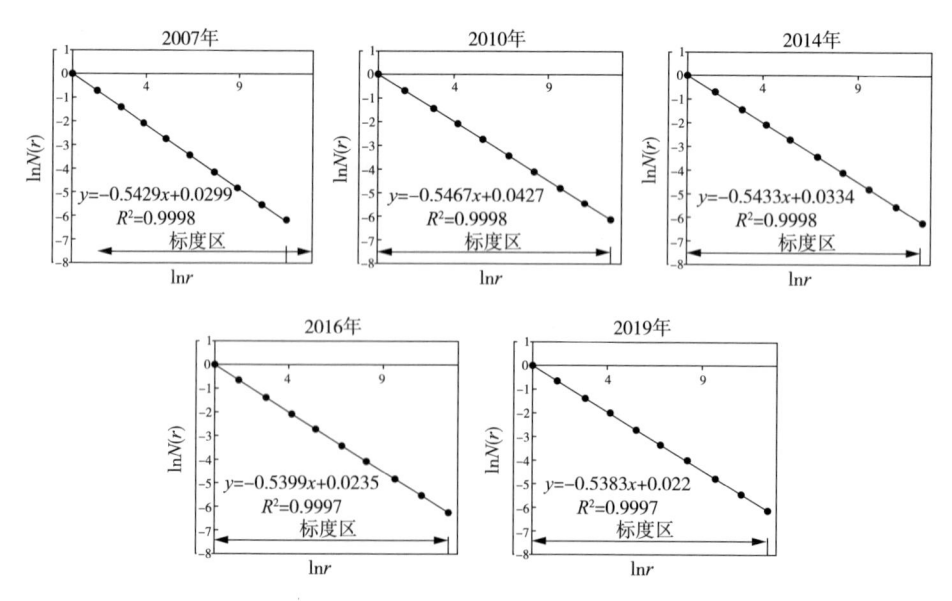

图 3-1　大连市 2007~2019 年绿地网格维双对数图

首先，对绿地分形的初步判断。五期数据中全部点列线性分布趋势明显，且拟合优度系数 R^2 均在 0.99 以上，可以判定大连市 2007~2019 年绿地网格维具有分形特征。

其次，确定标度区（Scaling Range）范围。由于现实世界不存在理论上的规则分形，一定存在有限的标度区，即双对数坐标图上很少形成一条严格的直线，而是在一定的区间内表现为直线段。标度区是城市形态分形不可回避的问题，确定标度区是为了相对准确地估计分维，采用盒子法的城市形态分维，标度区通常容易确定，而且标度区少算几个观测点数不会显著影响分维结果。显然依据五期绿地中网格维的回归范围均为全部点列，不需要进行步骤（3）的操作。

最后，进行分形维数的置信陈述。置信陈述关乎分形维数的准确性，不同学者提出了不同的判断方法。早期的分维测算，通常通过拟合优度 R^2 进行判断，有学者提出 R^2 大于 0.9988 说明分形成立。Benguigui 等[210]提出通过标准误差 δ 进行判断，当 δ 小于 0.04 说明分维可以被接受。陈彦光等提出拟合优度和标准误差都是描述性的统计量，只能评价分维结果的可信度，而不能判断分形是否存在。因此，提出分维测量结果关键在于置信陈述，而置信陈述的关键在于结论的显著性水平和分维的误差范围。误差范围的计算公式如下[211]：

$$D^* = D \pm \delta \times T_{\alpha, n-2} \tag{3-1}$$

式中：D^* 为分维的上下限（D_u、D_l）；δ 为标准误差；$T_{\alpha, n-2}$ 为 T 统计量的门槛值；α 为显著性水平；n 为用于估计分维的数据点数。一般来说，置信度为 95% 或者 99%，本研究中取 95%，即 $\alpha=0.05$。因此，大连市 2007~2019 年绿地网格维分维结果及置信陈述见表 3-3。以 2007 年为例，其含义为我们有 95% 的把握相信绿地网格维的分维结果为 0.5429，其误差范围为 0.54~0.55。

表3-3 大连市2007~2019年绿地网格维分维结果及置信陈述

回归范围	参数	2007	2010	2014	2016	2019
全部点列	D	0.5429	0.5467	0.5433	0.5399	0.5383
	R^2	0.9998	0.9998	0.9998	0.9997	0.9997
	标准误差	0.00626	0.0063	0.00626	0.00763	0.0076
	误差范围	0.54~0.55	0.54~0.55	0.54~0.55	0.53~0.55	0.53~0.55

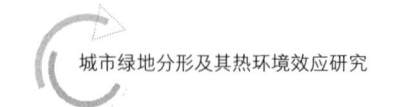

结果表明：大连市2007~2019年绿地网格维分维结果为0.5383~0.5467，网格维代表了城市绿地空间分布的均衡度，因此，大连市绿地系统均衡度排序为2010年＞2007年＞2014年＞2016年＞2019年，2010年为拐点，在2010年之前城市绿地的均衡度升高，在2010年之后绿地均衡度逐年下降。2007~2019年中绿地网格维的变化趋势与表3-1中绿地数量的变化趋势较为一致。

3.3 城市绿地边界维数演化

分别采用周长—尺度模型和周长—面积模型测算大连市2007~2019年五期绿地的边界维，测算过程包括：初步判定绿地是否分形、确定标度区范围、测算分维结果和置信陈述，具体操作方法与网格维一致。采用周长—尺度模型估算的边界维，只需把非空格子计数中的绿地面积更换为绿地周长，尺度不变，测算后的双对数图如图3-2所示。采用面积—周长模型估算的边界维，面积的非空格子计数不变，需要把尺度更换为周长的非空格子计数，测算后的双对数图如图3-3所示。

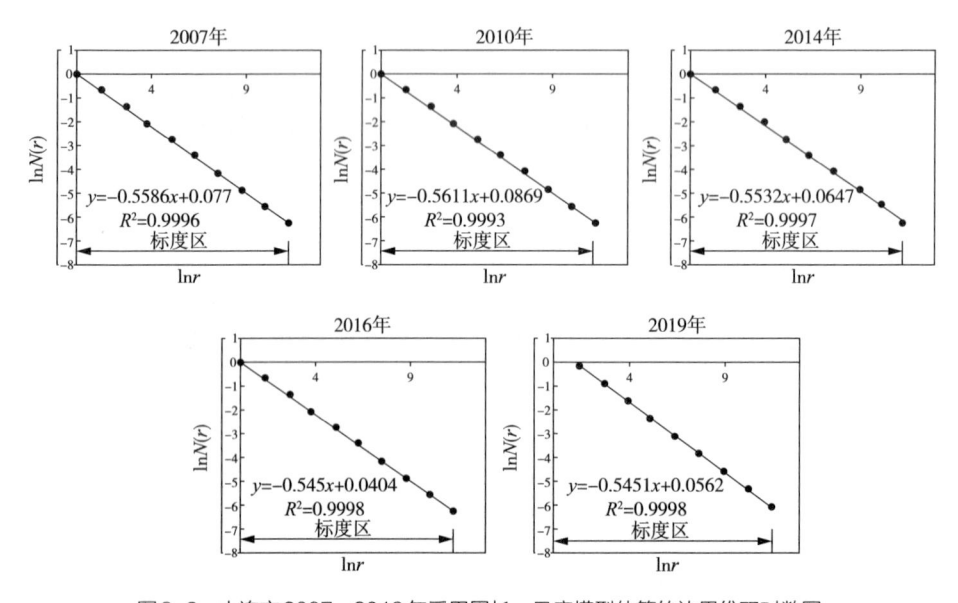

2007年：$y=-0.5586x+0.077$，$R^2=0.9996$

2010年：$y=-0.5611x+0.0869$，$R^2=0.9993$

2014年：$y=-0.5532x+0.0647$，$R^2=0.9997$

2016年：$y=-0.545x+0.0404$，$R^2=0.9998$

2019年：$y=-0.5451x+0.0562$，$R^2=0.9998$

图3-2 大连市2007~2019年采用周长—尺度模型估算的边界维双对数图

由图 3-2 可见，采用周长—尺度模型估算的边界维双对数图中，五期数据全部具有明显的分形特征，拟合优度为 0.9993～0.9998，回归范围均为全部点列，不需要检验标度区范围。从拟合优度的变化来看，2010 年为拐点，2007～2010 年拟合优度降低，2010～2019 年拟合优度升高，2016～2019 年拟合优度同为 0.9998。

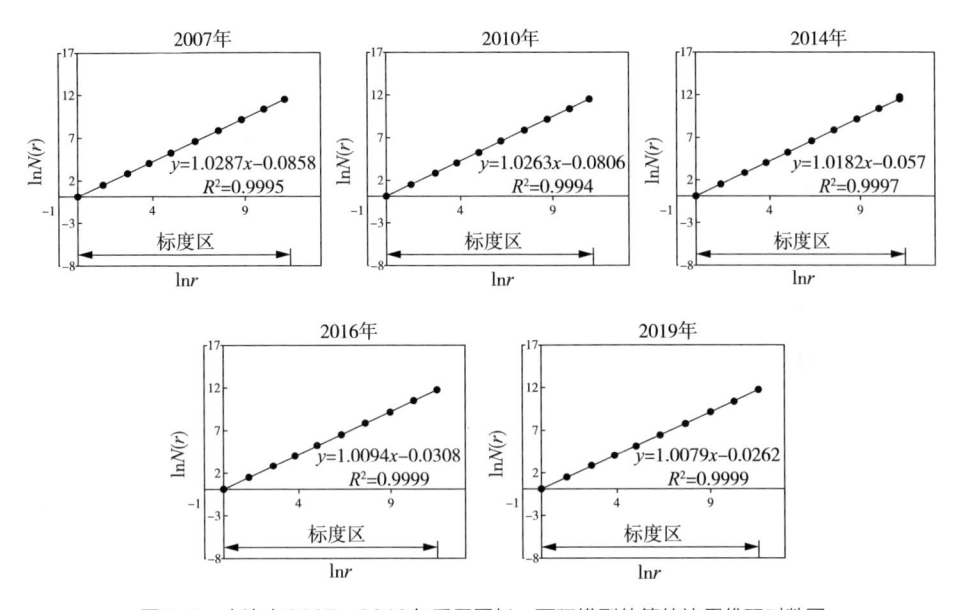

2007年
$y=1.0287x-0.0858$
$R^2=0.9995$

2010年
$y=1.0263x-0.0806$
$R^2=0.9994$

2014年
$y=1.0182x-0.057$
$R^2=0.9997$

2016年
$y=1.0094x-0.0308$
$R^2=0.9999$

2019年
$y=1.0079x-0.0262$
$R^2=0.9999$

图 3-3 大连市 2007～2019 年采用周长—面积模型估算的边界维双对数图

由图 3-3 可见，采用周长—面积模型估算的边界维双对数图中，五期数据全部具有明显的分形特征，拟合优度为 0.9994～0.9999，回归范围均为全部点列。从拟合优度的变化来看，2010 年为拐点，2007～2010 年拟合优度降低了 0.0001，2010～2019 年拟合优度升高了 0.0005，2016～2019 年拟合优度同为 0.9999。周长—面积模型估算的拟合优度与周长—尺度模型估算的拟合优度相比，虽然变化趋势一致，但平均值更高。采用两种模型估算的边界维分维结果及置信陈述见表 3-4，分维测算和置信陈述的方法同网格维，同样取 $\alpha=0.05$。

表 3-4 大连市 2007～2019 年采用两种模型估算的边界维分维结果及置信陈述

模型	回归范围	参数	2007	2010	2014	2016	2019
周长—尺度	全部点列	D	0.5586	0.5611	0.5532	0.5450	0.5451

续表

模型	回归范围	参数	2007	2010	2014	2016	2019
周长—尺度	全部点列	R^2	0.9996	0.9993	0.9997	0.9998	0.9998
		标准误差	0.0040	0.0053	0.0034	0.0027	0.0027
		误差范围	0.549~0.568	0.549~0.573	0.545~0.561	0.538~0.551	0.538~0.551
周长—面积	全部点列	D	1.9442	1.9487	1.9643	1.9814	1.9843
		R^2	0.9995	0.9994	0.9997	0.9999	0.9999
		标准误差	0.0154	0.0169	0.0120	0.0070	0.0070
		误差范围	1.909~1.959	1.909~1.966	1.937~1.976	1.965~1.988	1.968~1.991

结果表明：a.采用周长—尺度模型估算的边界维分维结果在0.5450~0.5611之间，采用周长—尺度模型估算的边界维分维结果在1.9442~1.9843之间，二者具有较大的差别，说明了绿地形态与结构更为复杂，同时也证实了两种模型表征形态分维的地理几何意义明显不同。b.周长—尺度关系模型代表了绿地边界形态的复杂度，因此，复杂度排序为2010年＞2007年＞2014年＞2019年＞2016年，复杂度同时也反映出城市规划建设绿地被人工干扰的程度，人工修建的绿地通常具有规则的边界，降低了自然绿地边界形态的复杂度以及与城市空间的接触面积。c.面积—周长关系模型不能简单反映边界线的复杂度，而用于陈述绿地结构的破碎度和不稳定性更为准确，测算结果D值均高于1.5且接近2，说明绿地结构比随机分布的状态更为复杂，复杂度排序为2019年＞2016年＞2014年＞2010年＞2007年，这与表3-1中通过斑块数量、面积、周长等指标简单推断的绿地系统破碎度趋势相吻合。

3.4　城市绿地半径维数演化

半径维数的测算过程为：a.确定城市中心位置；b.确定最小半径及尺度；c.以

城市中心为圆心，以确定的半径和尺度向外画同心圆直至全部覆盖研究范围；d.统计各同心圆内的绿地面积；e.绘制面积—半径双对数坐标图，初步判断是绿地是否存在分形；f.数据与模型拟合，判断标度区范围，计算各标度区内的半径维数。

城市绿地半径维数测算的关键在于城市中心选择、最小半径及尺度的确定。圆心的位置直接影响分维结果的大小，通常圆心的选择有三种方式：研究范围的重心、城市绿地的重心、城市的行政中心或商业中心。合适的尺度选择，才能与相应测度的标度表现出有效的分维估算结果，尺度的选择通常有对数尺度和算数尺度两种。圆心、最小半径及尺度确定的最终目标是为了达到分维测量的最佳覆盖。

为了确定合适的中心和尺度，进行了不同圆心、半径—尺度的方案比较。首先，以绿地斑块重心为中心，进行两种不同半径—尺度的方案测算。

以2019年的绿地数据为例，按照a.~f.的测算步骤进行测算后，两种方案的半径维双对数图如图3-4所示。分维测算结果和置信陈述见表3-5。

(a) 采用同中心对数尺度的半径维双对数图

标度区范围内的双对数图：$y=0.502x+0.1949$，$R^2=0.9994$

(b) 采用同中心算数尺度的半径维双对数图

标度区范围内的双对数图：$y=0.4358x+1.1528$，$R^2=0.9991$

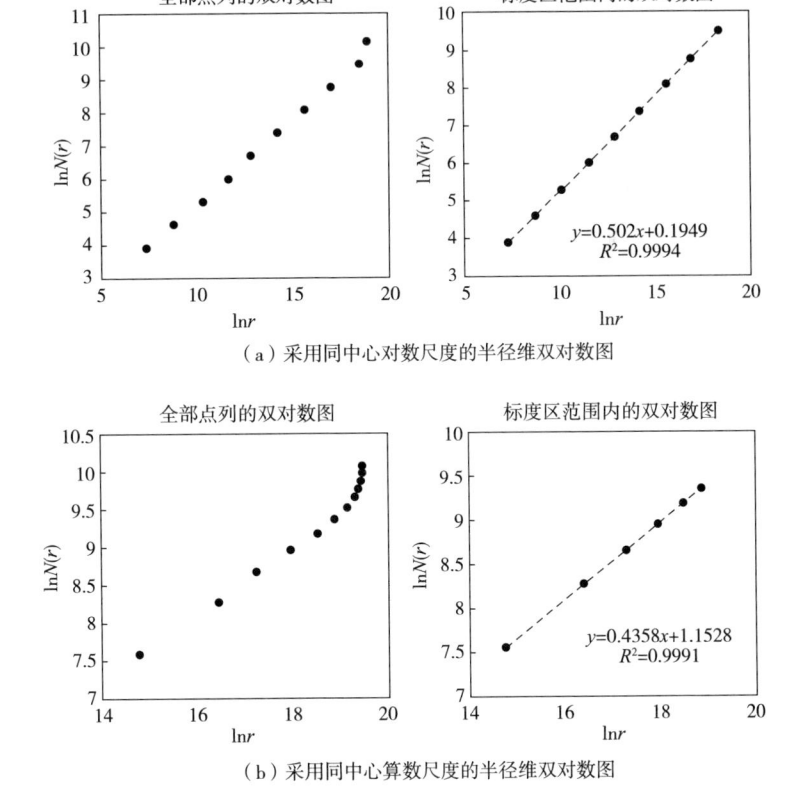

图3-4 两种不同半径—尺度估算的半径维双对数图

表3-5 采用两种不同半径—尺度方案估算的半径维分维结果及置信陈述

方案	标度区范围	D	R^2	标准误差	误差范围
方案（a）	0～12800m	0.5020	0.9994	0.0046	0.491～0.513
方案（b）	0～12000m	0.4358	0.9991	0.0065	0.418～0.454

显然，方案（a）中采用几何尺度的半径维拟合效果更优，回归范围为9个点列标度区范围为0～12800m，采用算数尺度的半径维回归范围为6个点列标度区范围为0～12000m。但是，几何尺度的问题是点列1～6对应的半径范围为0～1600m，点列6～10对应的半径范围为1600～25600m，前6个点列对应的标度区面积过于小，而后4个点列对应的标度区面积过大。这就意味着，如果回归范围在6～10点列中，标度区多估算一个点列或者少估算一个点列对结果的影响都会很大。而算数尺度的优势是，绘制的同心圆能够均匀地分布在研究区域内，即使测算结果的回归点列没有那么多，但也足够判断分形特征和测算分维结果，并且会真实而平均地反映研究区域内每个同心圆中的问题，不会因为半径的几何增大无法精确测算远离中心的区域。综合以上原因，本研究选择方案（b）为半径维的研究最小半径和尺度。

然后，进行同种半径—尺度不同研究中心的方案比较。

以2019年的绿地数据为例，按照a.～f.的测算步骤进行测算后，两种不同中心估算的半径维双对数图如图3-5所示，分维测算结果和置信陈述见表3-6。

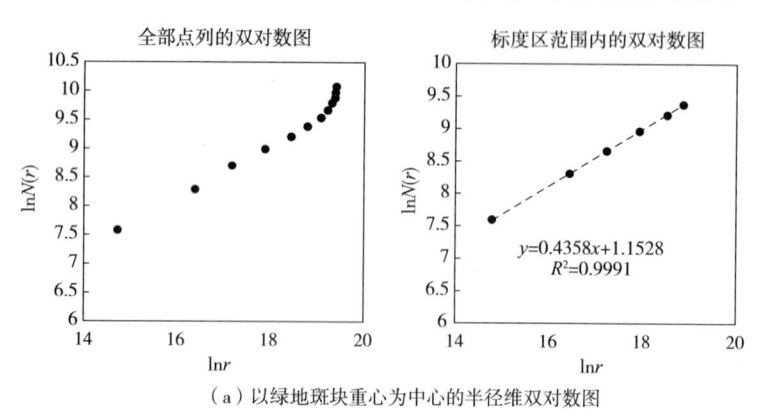

（a）以绿地斑块重心为中心的半径维双对数图

(b) 以研究区重心为中心的半径维双对数图

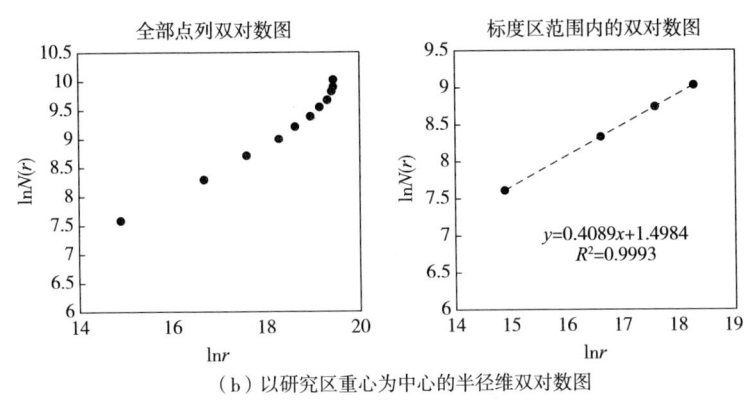

图3-5 两种不同中心估算的半径维双对数图

表3-6 采用两种不同中心方案估算的半径维分维结果及置信陈述

方案	标度区范围	D	R^2	标准误差	误差范围
方案（a）	0~12000m	0.4358	0.9991	0.0065	0.418~0.454
方案（b）	0~8000m	0.4089	0.9993	0.0076	0.376~0.442

依据测算结果，方案（a）的回归范围为6个点列标度区范围为0~12000m，方案（b）的回归范围为4个点列标度区范围为0~8000m，方案（a）的拟合优度小于方案（b），标准误差也小于方案（b）。综合来看，方案（a）的回归范围更大测算结果的可信度更高，而方案（b）的拟合效果更好，二者各有优势。如果对同一期绿地斑块进行横向的分维比较研究，显然方案（a）是更好的选择，而本书需要对五期绿地进行纵向的分维演化研究，方案（b）以研究区重心为中心使得中心点位置维持不变，测算结果更具有纵向的可比性，因此选择方案（b）。

通过以上两种不同半径—尺度和不同中心的方案比较发现，最小半径—尺度、中心的选择方案对测算结果和结果的可信度具有很大影响，在测算半径维之前应对不同的方案进行比较，依据研究内容综合确定最终的最小半径—尺度以及中心。

以研究区重心为中心，以半径为r=2000，4000，6000，8000，…，24000的算数尺度为半径—尺度，依据a.~f.的测算步骤进行半径维数测算。半径法测量分维时标度区的确定比盒子计数法困难很多，目前为止还没有客观的适普的标度区判断方法。自放射性与多标度分形性质同时存在时，很难借助半径法给出明确的标度范围。因此，只能不断改变数据点列的范围进行多次拟合，通过拟合优度 R^2 来确定标度区。大连市 2007~2019 年半径维双对数图如图 3-6 所示，图中分别列出了五期绿地全部点列的双对数图和经过多次拟合后确定的标度区范围内的双对数图。标度区范围内的分维结果及置信陈述见表 3-7。

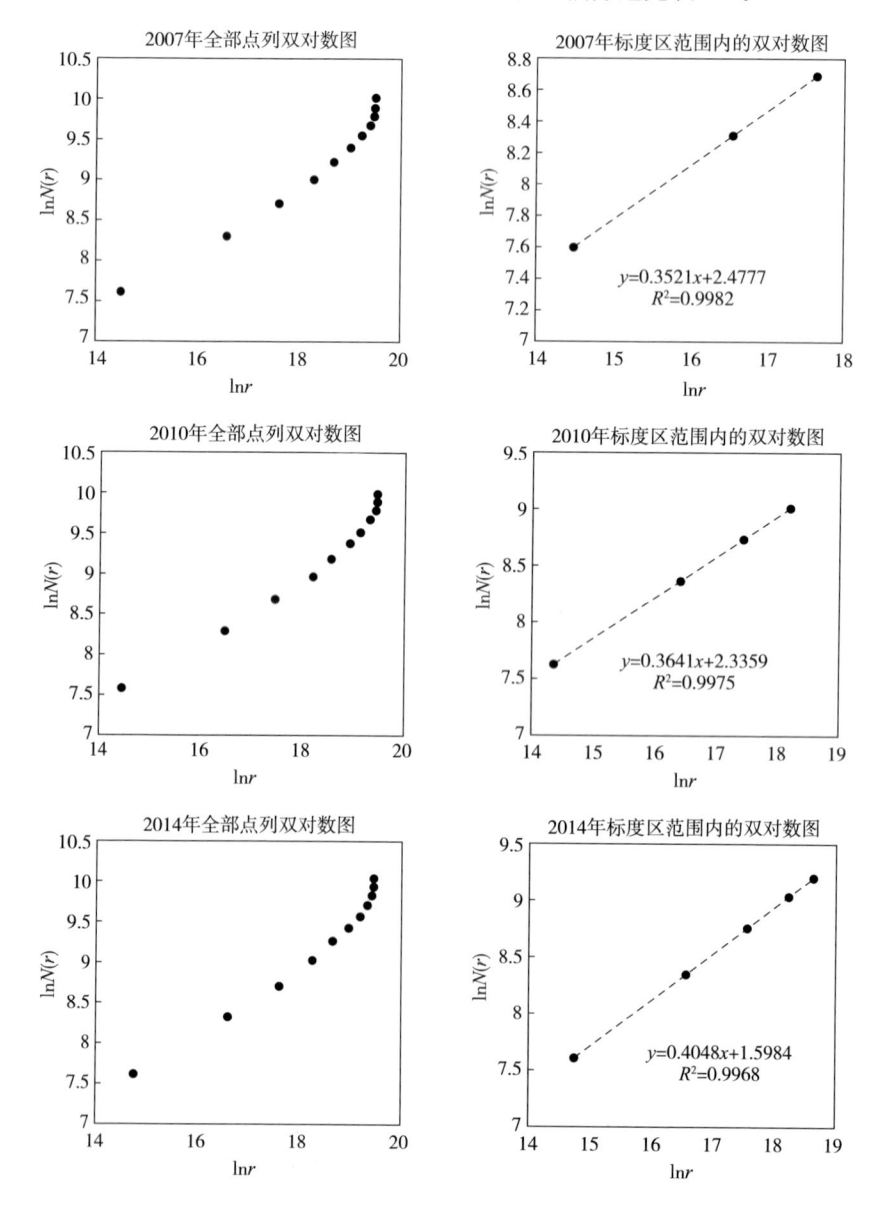

3 城市绿地系统分形演化

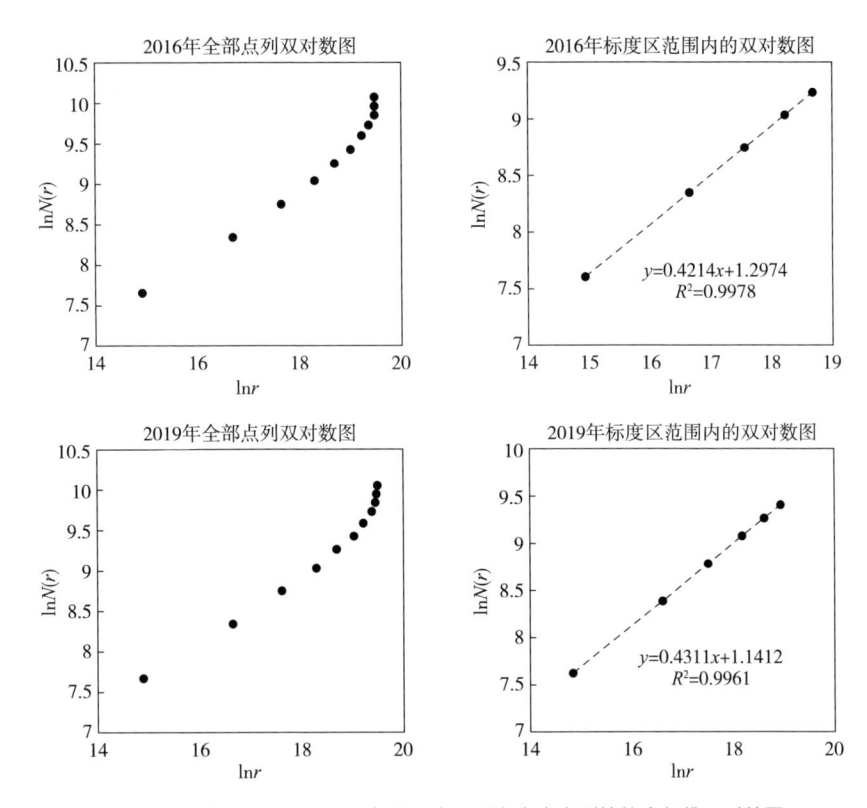

图3-6 大连市2007～2019年以研究区重心为中心测算的半径维双对数图

表3-7 大连市2007～2019年半径维分维结果及置信陈述

年份	标度区范围	D	R^2	标准误差	误差范围
2007	0～6000m	0.3521	0.9982	0.0150	0.162～0.542
2010	0～8000m	0.3641	0.9975	0.0129	0.309～0.420
2014	0～10000m	0.4048	0.9968	0.0132	0.363～0.447
2016	0～10000m	0.4214	0.9978	0.0114	0.385～0.458
2019	0～12000m	0.4311	0.9961	0.0135	0.394～0.469

结果表明：

（1）大连市2007～2019年五期绿地系统均具有明显的分维特征，分维结果为0.3521～0.4311，均在95%的水平上，具有良好的置信度。

（2）半径维数均小于2，说明城市绿地密度由城市中心区向边缘区递减，即城市绿地密度的空间分布中心化趋势明显。2007~2019年半径维数逐渐升高，说明绿地系统密度的空间分布中心化趋势逐渐升高。

（3）标度区的数量和范围也具有特征意义。标度区的数量越多，说明绿地的空间结构越复杂。大连市2007~2019年五期绿地半径维分维结果都只具有一个标度区，说明城市绿地系统整体的空间结构并不复杂，只显现出向中心（研究区重心）集聚的特征。标度区范围内的绿地显现出分形特征，标度区范围外的绿地不具有分形性质，依据分形理论，说明标度区范围代表了绿地相对理想的空间结构范围，也就是说标度区范围内的绿地结构的成熟度更高、绿地布局的优良度更好。大连市2007~2019年五期绿地标度区范围逐渐增大，从2007年6000m增加到2019年12000m，这说明大连市绿地有序布局的范围在12年间增长了6000m。标度区以外的区域是未来需要治理改善的重点区域，这些区域包括甘井子区西部、甘井子区东北部、甘井子区南部和中山区东部。

3.5　本章小结

本章的主要内容包括了两个方面，一是通过提取五期绿地斑块信息分析了大连市2007~2019年绿地系统演化特征；二是采用网格维、边界维、半径维三种分维模型测算了大连市2007~2019年五期绿地分形维数并分析其主要特征。在这个过程中，描述了采用三种分形模型进行分形判定和分维测算的详细步骤和技术方法，并介绍了不同模型下依据分形维数和相关参数如何判断城市绿地系统发展建设水平。本章的重要研究结果包括：

（1）大连市2007~2019年绿地系统网格维分维结果为0.5383~0.5467，城市绿地系统均衡度排序为2010年＞2007年＞2014年＞2016年＞2019年。

（2）采用周长—尺度模型估算的边界维分维结果为0.5450~0.5611，城市绿地系统边界形态复杂度排序为2010年＞2007年＞2014年＞2019年＞2016年，采用周长—面积模型估算的边界维分维结果为1.9843~1.9487，城市绿地系统破碎度和不稳定性的排序为2019年＞2016年＞2014年＞2010年＞2007年。

（3）大连市2007~2019年绿地系统半径维分维结果为0.3521~0.4311，城市绿地系统空间分布的中心化程度排序为2019年＞2016年＞2014年＞2010年＞2007年，城市绿地布局的优良度排序为2019年＞2016年=2014年＞2010年＞2007年，大连市2007~2019年城市绿地系统有序分布的空间范围依次为从研究区中心到半径6000m、8000m、10000m、10000m、12000m的城市空间。

（4）网格维、周长—尺度模型估算的边界维和半径维的分维结果具有可比性，三种分形维数的演化趋势如图3-7所示，边界维＞网格维＞半径维，说明大连市绿地系统结构的发展特征为绿地边界形态复杂度＞绿地均衡度＞绿地密度空间分布的中心化水平，演化趋势为边界形态复杂度和绿地均衡度逐渐降低，绿地密度空间分布的中心化水平逐渐升高。

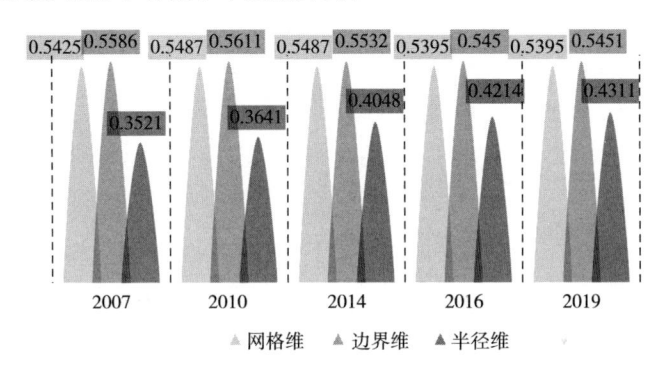

图3-7 大连市2007~2019年绿地三种分形维数的演化趋势比较

4

城市绿地面积分级及分形特征

城市绿地具有明显降温作用，绿地面积是影响降温效果的重要因素，一直以来都是研究热点。孙喆[212]研究了北京市第一道绿化隔离带热环境特征及绿地降温作用，发现绿地斑块面积越大、整体形状越简单、空间分布越聚集，降温作用越强。苏泳娴等[213]对广州市公园降温效应的研究发现，公园的平均降温范围与公园绿地面积存在显著的正相关关系，拟合曲线近似于一种对数形式增加。吴菲等[214]选择了北京绿化覆盖率相当、面积不同的8块园林绿地，专门进行了绿地面积与温湿效益关系的探究，研究表明，绿地可以明显发挥温湿效益的最小面积为3hm^2，最佳面积为5hm^2。花利忠等[215]基于Landsat-8 OLI/TIRS遥感影像和Google Earth高分影像数据提取了15个公园绿地和地表温度信息，发现公园面积和公园建设用地面积是影响公园平均温度的关键因子，并且公园面积存在阈值55hm^{2}左右。赵芮等[216]基于Landsat8遥感数据和土地利用数据，在郑州市中心城区内选择了44个主要公园，分析了公园冷岛效应的影响因素，研究发现，场地条件有限的情况下，公园面积控制在20hm^{2}左右能产生较高冷岛强度。栾庆祖等[217]研究表明，绿地的面积无论多大对周边环境的降温效应都限制在一定空间范围内，在100m空间分辨率的尺度下，面积在0.5km^{2}以上的绿地斑块，对周边100m范围内建筑物具有明显降温效应。王蕾等基于SPOT5影像研究了长春市绿地景观对城市热环境的影响，发现绿地面积与其内部最低温度的负相关性较大，当绿地的面积大于50hm^{2}时，绿地面积继续增大会使其地表温度显著降低。

以上相关研究充分表明，绿地面积是改善热环境的关键因素，但绿地面积阈值影响热环境的机制众说纷纭，尚无形成统一的定论。绿地面积的阈值从0.5hm^{2}到55hm^{2}不等，这里涉及对能够起到明显降温作用的最小绿地面积的讨论以及最大绿地面积的讨论。阈值的差异主要来自研究数据的精度差异（数据精度5~100m不等）、研究对象的差异（公园绿地/绿地斑块）和空间地域的差异（北京/广州/郑州/长春……）等。

从目前的研究来看，尚未出现对于绿地面积结构是否影响热环境的研究。而从绿地分形的视角，同样缺少绿地分级、分类的横向比较研究。因此，本章面向城市尺度，对于城市绿地系统整体进行面积分级，对不同面积等级的绿地分形进行测算。

4.1 城市绿地面积分级与空间特征

本书绿地信息的数据主要为SPOT5和GF1两种高分遥感影像数据，GF1遥感影像的分辨率为2m，SPOT5遥感影像分辨率为2.5m，经融合处理后的分辨率为3m。因此，如2.2章节所述，将提取后的绿地数据剔除$10m^2$以下的绿地斑块进行数据标准化，得到最终的绿地信息数据集。本章以大连市2019年的绿地为研究对象，如3.1章节所述，2019年大连市绿地斑块总面积为29135.90公顷，平均斑块面积为0.20公顷，绿地斑块总数量为145655个。

以往的相关研究通常使用30～100m分辨率的遥感影像数据或土地利用数据，因此研究对象选择公园绿地，并选择十几个到几十个不等的样本量。还有少数研究使用了Google Earth高分影像数据和SPOT5遥感影像数据，由于数据量和处理难度的增大，同样也采用了抽样的方法，人工提取了少量绿地样本。一方面，数据精度低导致了小面积的绿地不被识别；另一方面，人工选择的绿地样本通常为面积为$1hm^2$以上的具有代表性的绿地斑块。两方面原因使得现有的绿地面积与热环境效应的研究主要面向大面积绿地斑块，缺少对$1hm^2$以下的绿地斑块的讨论。与以往的相关研究相比，本书的数据精度明显提高，为小面积绿地斑块的研究提供了支撑。

《城市绿地分类标准》（CJJ/T 85—2017）中明确了综合性公园建设面积标准为不低于$1hm^2$，显然$1hm^2$是绿地斑块面积的一个重要阈值。综合以上原因，本书将绿地面积分为五个等级，并着重面积为$1hm^2$以下的绿地斑块研究，$1hm^2$以下绿地分为3个等级，$1hm^2$以上绿地分为2个等级，分级标准见表4-1。

表4-1　绿地面积分级标准

绿地分级	绿地面积S分级标准/m^2
L1	$10 \leq S \leq 100$
L2	$100 < S \leq 1000$
L3	$1000 < S \leq 10000$
L4	$10000 < S \leq 100000$
L5	$S > 100000$

将2019年的绿地数据导入ArcGIS软件中，按照表4-1的绿地面积分级标准提取不同等级的绿地。

统计各等级绿地斑块的参数特征，见表4-2。面积等级越高，斑块数量越少，斑块总面积越大，平均斑块面积越大。

表4-2　大连市2019年各等级绿地斑块参数特征

绿地等级	斑块数量/个	斑块总面积/hm²	平均斑块面积/hm²
L1	94275	338.58	0.0036
L2	44215	1317.63	0.0298
L3	6116	1618.11	0.2646
L4	900	2534.03	2.8156
L5	149	23327.55	156.56

4.2　各级别绿地网格维数

依据3.2章节中所述的网格维数测算方法，分别对L1～L5进行测算。在拟合双对数图时，发现大多数级别的绿地的回归范围都不是全部点列。需要分别进行3.2章节中的步骤（4）确定标度区的范围。大连市2019年各级别绿地标度区范围内的网格维双对数图如图4-1所示，网格维分维结果及置信陈述见表4-3。

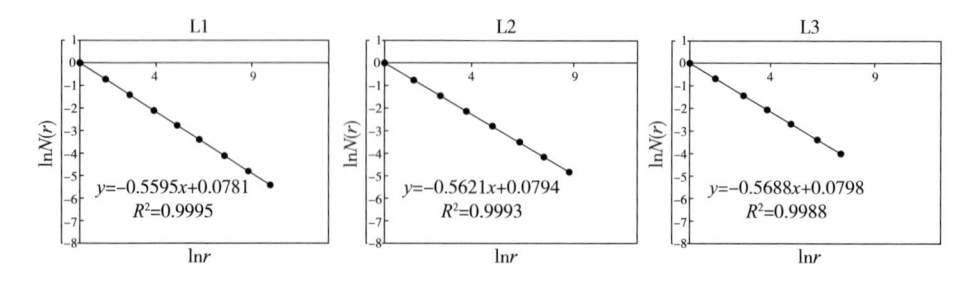

L1: $y=-0.5595x+0.0781$, $R^2=0.9995$

L2: $y=-0.5621x+0.0794$, $R^2=0.9993$

L3: $y=-0.5688x+0.0798$, $R^2=0.9988$

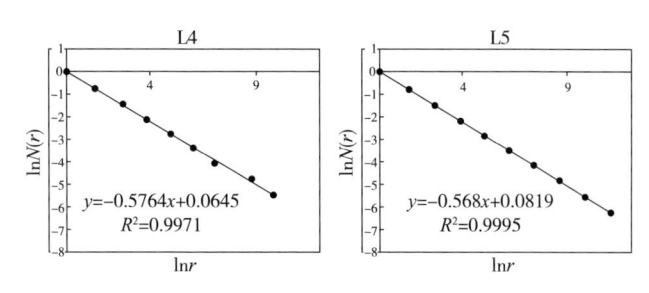

图4-1 大连市2019年各级别绿地标度区范围网格维双对数图

回归范围的大小在一定程度上也能说明分形效果的不同。经过多次拟合，L1的回归范围为9个点列，L2的回归范围为8个点列，L3为7个，L4为9个，L5为全部点列10个，说明L5的分形效果最优。从线性拟合趋势来看，L4的线性趋势表现稍差，而其他四级绿地的分形特征都十分明显。从拟合优度来看，L1和L5最高，其次是L2和L3，L4最低。为了比较回归范围对分维结果和置信度的影响，分别测算了全部点列内的分维结果和回归范围（标度区）内的分维结果。大连市2019年各级别绿地网格维分维结果及置信陈述见表4-3。

表4-3 大连市2019年各级别绿地网格维分维结果及置信陈述

回归范围	参数	L1	L2	L3	L4	L5
全部点列	D	0.5701	0.5829	0.6056	0.6037	0.5680
	R^2	0.9985	0.9979	0.9970	0.9896	0.9995
	标准误差	0.0078	0.0095	0.0117	0.0219	0.0045
	误差范围	0.552~0.588	0.561~0.605	0.578~0.633	0.553~0.654	0.558~0.578
标度区	D	0.5595	0.5621	0.5688	0.5764	0.5680
	R^2	0.9995	0.9993	0.9988	0.9971	0.9995
	标准误差	0.0044	0.0053	0.0070	0.0110	0.0045
	误差范围	0.549~0.569	0.549~0.574	0.553~0.585	0.551~0.602	0.558~0.578

从分维结果来看，大连市2019年各等级绿地标度区内的网格维数为0.5595~0.5680，平均值为0.5669。网格维代表着绿地均衡度的地理含义，因此各等级绿地均衡度排序为L4＞L3＞L5＞L2＞L1。G4为面积为1~10hm^{2}的绿地，其均衡度最高，原因是公园绿地的面积通常在此范围内，而公园绿地是人工绿地中最重视绿地公平性和均衡发展的一类，绿地选址时需要满足服务半径要求并考虑空

间分布的合理性。良好的公园绿地规划及发展政策，使得该等级绿地具有良好的空间分布结构。L1、L2绿地的均衡性最低，这两类绿地面积范围在1000m^2以下，多为城市用地规划分隔出来的街头绿地或是无法开发建设的小型自然绿地。绿地建设和管理过程中，很难对该类型绿地实施监控和管理，加之城市绿地系统规划政策中对小型绿地的忽视，导致这两类绿地的均衡性最低。将全部点列内的分形维数与标度区内的分维结果进行差额分析，如图4-2所示。

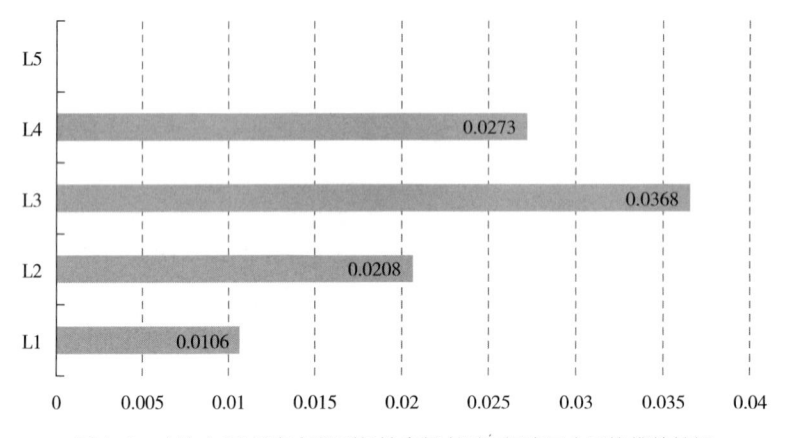

图4-2　大连市2019年各级别绿地全部点列和标度区内网格维数差额

如图4-2所示，回归范围内点列的多少对分维结果影响较大。各级别绿地全部点列和标度区内网格维数差额较大的依次为L3、L4、L2。L3回归范围内点列数最少为7对，分维结果差额最大为0.0368；L2的回归点列为8对，分维结果差额为0.0208；L4回归点列为9对，但因拟合优度在各等级绿地中最低，影响了分维结果的差额。

4.3　各级别绿地边界维数

按照3.3章节所述的边界维测量方法，分别采用周长—尺度模型和面积—周长模型测算大连市2019年五个面积等级的绿地边界维。采用周长—尺度模型估算的边界维双对数图,如图4-3所示。采用周长—面积模型估算的边界维双对数图,如图4-4所示。

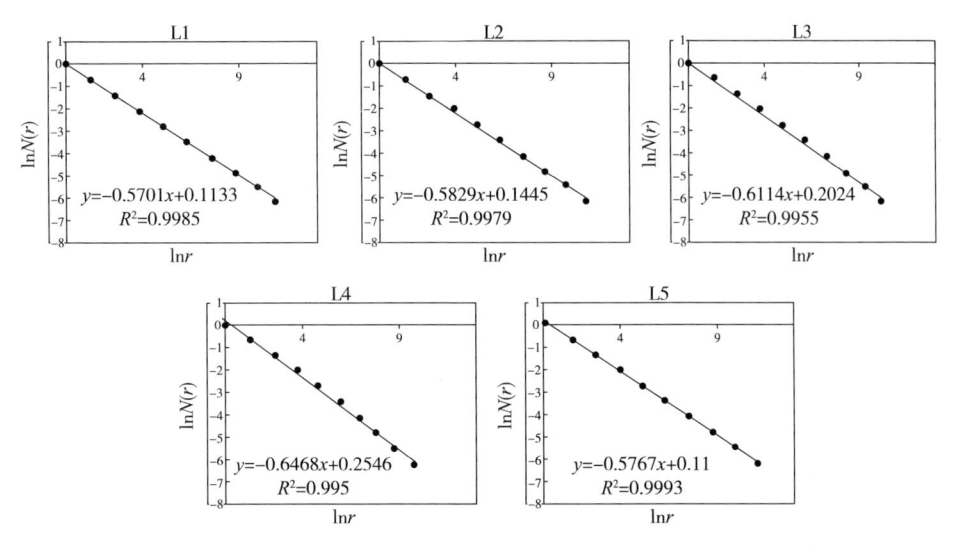

图4-3 大连市2019年各级别绿地采用周长—尺度模型估算的边界维双对数图

如图4-3所示,采用周长—尺度模型估算的边界维双对数图中,L5的线性趋势和拟合效果最优,L4表现稍差,各等级绿地均具有显著的分形特征,回归范围均为全部点列,不需要讨论标度区。

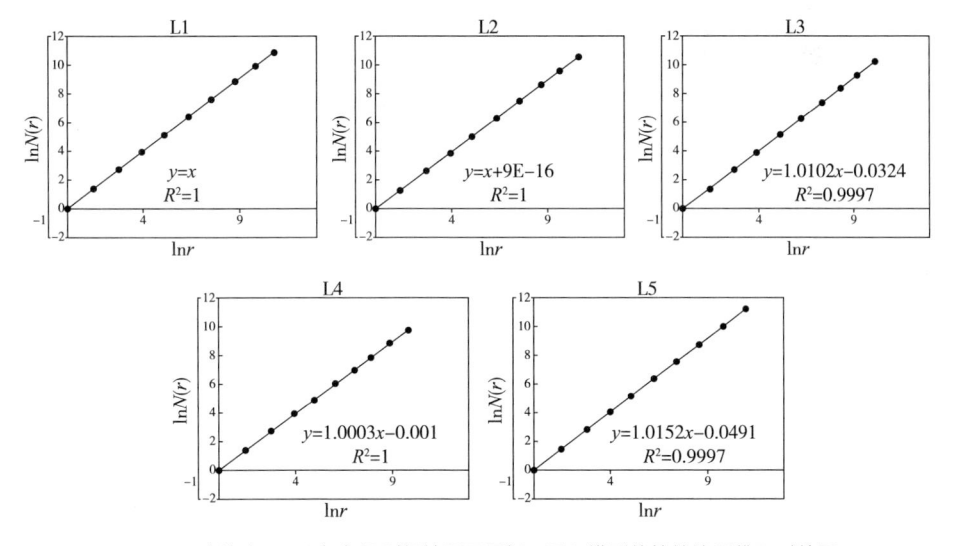

图4-4 大连市2019年各级别绿地采用周长—面积模型估算的边界维双对数图

如图4-4所示，采用周长—面积模型估算的边界维双对数图中，L1、L2、L4三个等级的绿地边界维完美拟合，拟合优度R^2=1，L3、L5的线性趋势和拟合效果也十分出色，同样五级绿地均为全部点列回归。采用两种模型估算的边界维分维结果及置信陈述见表4-4。

表4-4　大连市2019年各级别绿地采用两种模型估算的边界维分维结果及置信陈述

模型	回归范围	参数	L1	L2	L3	L4	L5
周长—尺度	全部点列	D	0.5701	0.5829	0.6114	0.6468	0.5767
		R^2	0.9985	0.9979	0.9955	0.9950	0.9993
		标准误差	0.0078	0.0095	0.01451	0.0162	0.0054
		误差范围	0.552~0.588	0.561~0.604	0.578~0.645	0.609~0.684	0.564~0.589
周长—面积	全部点列	D	2	2	1.9798	1.9994	1.9701
		R^2	1	1	0.9997	1.0000	0.9997
		标准误差	0	0	0.0121	0.0000	0.0121
		误差范围	2.000	2.000	1.968~2.010	1.999	1.958~1.998

分维结果显示：

（1）采用周长—尺度模型估算的边界维分维结果为0.5701~0.6468，采用周长—面积模型估算的边界维分维结果为1.9701~2。与城市绿地系统边界维结果相比，采用两种模型测量的各等级绿地的边界维要明显高于绿地系统整体的边界维。

（2）周长—尺度关系模型代表了绿地边界形态的复杂度，因此各等级绿地边界线的复杂度排序为L4＞L3＞L2＞L5＞L1。这里必须说明的是，通过监督分类法提取绿地信息的原理是识别植被波段，例如，公园绿地中的不透水面（硬质空间）并不被识别，而只识别植被部分。一般来说，人工绿地的边界线规整而简单，但其内部各组成部分的形态通常规划设计得较为复杂，以满足不同功能和视觉审美。从这个角度来说，各级别绿地边界线的复杂程度代表了人工绿地的占有量。因此，可以推断面积为0.1~10hm^{2}的绿地斑块中人工绿地的占有量最高，面积大于10hm^{2}和面积小于100m^{2}的绿地斑块中人工绿地的占有量最低。

（3）周长—面积关系模型不能简单反映边界线的复杂度，而用于陈述绿地结构的破碎度和不稳定性更为准确，因此各等级绿地破碎度的排序为L1=L2＞L4＞L3＞L5。理论上，D在1~2之间，当$D<1.50$时，城市绿地形态较为单一，当$D=1.50$时，城市绿地形态处于一种类似于布朗运动的随机状态，当$D>1.5$时，城市绿地结构较为复杂。L1、L2的分维结果为2，达到了D值的最高值，这在所有关于绿地分维测算的结果中都比较罕见，可见面积小于1000m^{2}绿地斑块极为破碎，空间结构的不稳定性最高，需要引起足够的重视，是未来绿地治理的关键问题。

4.4 各级别绿地半径维数

城市绿地半径维数测算的关键在于城市中心选择、最小半径及尺度的确定。在3.4章节中已经讨论了两种不同半径—尺度方案及两种不同中心方案的优缺点，按照该分析结果，如果进行同一期绿地不同维度的横向比较研究，宜选择绿地斑块重心为中心，算术尺度的研究方案。但本章为了与第三章半径维数的结果进行比较，退而求其次依然按照研究区重心为中心的研究方案。然后按照3.4章节中所述的半径维测算方法对大连市2019年各级别绿地半径维进行评估，测算的双对数图如图4-5所示。

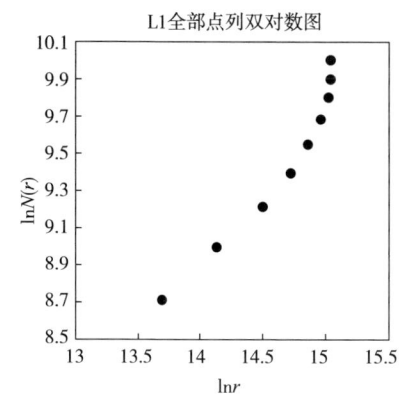

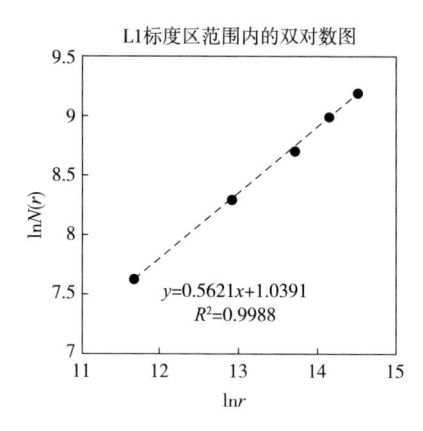

图4-5

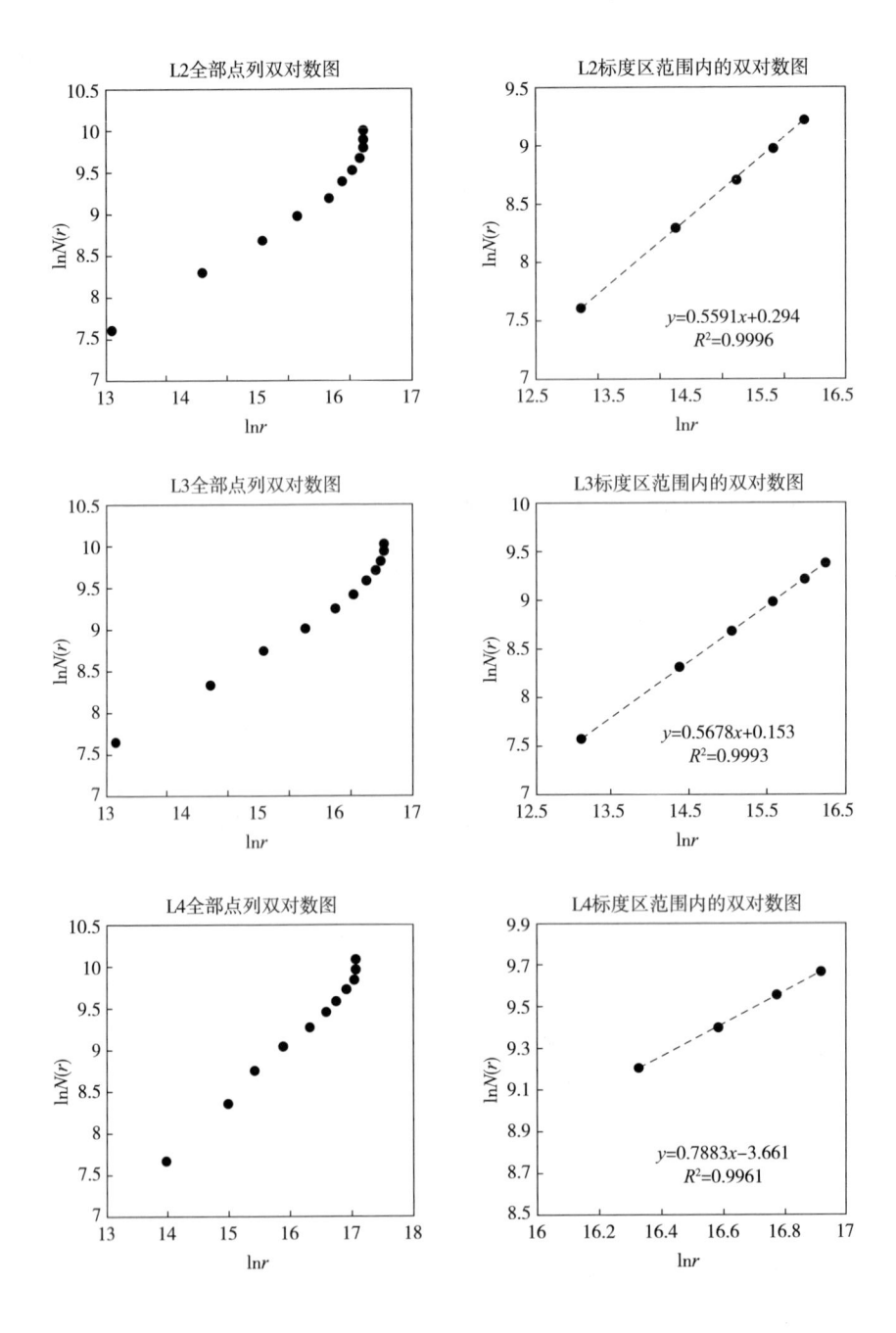

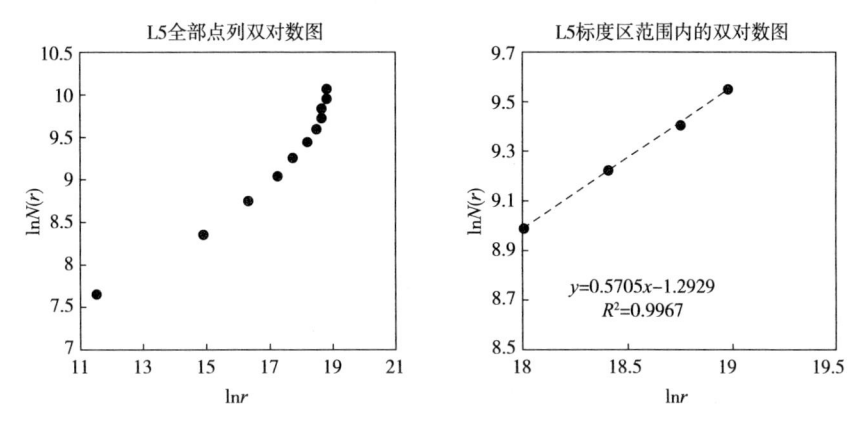

图4-5 大连市2019年各级别绿地半径维双对数图

如图4-5所示，把全部点列和标度区内的双对数图进行比较，L1、L2回归范围内的点列数量同为5对，L4、L5的回归点列数同为4对，L3的回归点列数最多为6对。从线性趋势和拟合效果来看，L4、L5的拟合效果稍差。大连市2019年各级别绿地半径维分维结果及置信陈述见表4-5。

表4-5 大连市2019年各级别绿地半径维分维结果及置信陈述

绿地分级	标度区范围	D	R^2	标准误差	误差范围
L1	0～10000m	0.5621	0.9982	0.0112	0.526～0.598
L2	0～10000m	0.5591	0.9975	0.0065	0.539～0.580
L3	0～12000m	0.5678	0.9968	0.0075	0.547～0.589
L4	10000～16000m	0.7883	0.9978	0.0349	0.638～0.938
L5	8000～14000m	0.5705	0.9961	0.0232	0.471～0.670

结果表明：

（1）大连市2019年五个等级的绿地均具有明显的分维特征，分维结果为0.5621～0.7883，均在95%的水平上具有良好的置信度。

（2）半径维数均小于2，说明城市绿地密度从中心向外围递减的速率快，各等级绿地在各自标度区范围内空间分布的中心化趋势明显，中心化分布的程度排序为L4＞L5＞L3＞L2＞L1。

（3）标度区的数量和范围具有重要的特征意义。2019年各等级绿地的半径维标度区都只有一个，说明绿地集中分布的特征只在一个标度区范围内呈现。标度区范围与绿地系统整体相比要高，各等级绿地的标度区范围具有较大差异。L1和L2的标度区范围均在半径10000m以内，L3标度区范围在半径12000m以内，这三个等级的绿地标度区分布在研究区域的内环。L4的标度区范围在10000~16000m，L5在8000~14000m，这两个等级的绿地标度区半径长度都比较短，为8000m，分布在研究区域的外环。由此可见，大连市2019年各等级绿地斑块有序分布的空间特征为，小面积绿地（绿地面积小于1hm^2）有序生长的空间分布在研究区的内环，大面积绿地（绿地面积大于1hm^2）有序生长的空间分布在研究区的外环。

4.5　本章小结

本章的主要内容：研究了高分辨率绿地数据下，城市绿地面积等级的分级标准，并以大连市2019年绿地数据进行实测，简要分析了各等级绿地的分布特征。在绿地分级的基础上，对各等级绿地进行分形性质的判定和分形特征的分析。重要研究结果如下：

（1）以3m左右分辨率的数据精度测算绿地分形时，可将绿地面积等级分为100m^{2}以下、100~1000m^2、1000~10000m^2、100000~1000000m^2、1000000m^{2}以上五个等级。

（2）大连市2019各等级绿地网格维分维结果为0.5595~0.5680，各等级绿地均衡度排序为L4＞L3＞L5＞L2＞L1。

（3）采用周长—尺度模型估算的边界维分维结果为0.5701~0.6468，各等级绿地边界线形态的复杂度排序为L4＞L3＞L2＞L5＞L1；采用周长—面积模型估算的边界维分维结果为1.9701~2，各等级绿地破碎度的排序为L1=L2＞L4＞L3＞L5。

（4）大连市2019年各等级绿地半径维分维结果为0.5621~0.7883，各等级绿地在各自标度区范围内空间分布中心化程度的排序为L4＞L5＞L3＞L2＞L1。各等级绿地有序分布的空间范围重要半径节点为8000m、10000m、12000m、16000m。

（5）网格维、周长—尺度模型估算的边界维和半径维的分维结果比较分析图，如图4-6所示。对于同一个等级的绿地来说，三种分形维的差异越大，说明该等级绿地的结构越复杂。综合复杂度包含了绿地边界形态的复杂度、绿地整体的均衡度和标度区范围内的绿地空间分布的中心化程度，各等级绿地空间结构的综合复杂程度排序为L4＞L3＞L2＞L5=L1。

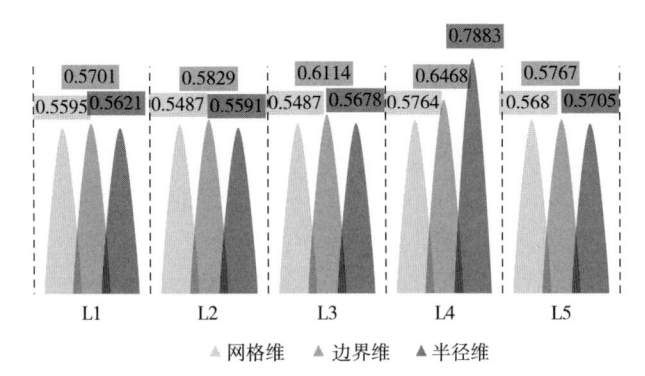

图4-6　大连市2019年各等级绿地三种分形维数的比较

5

城市绿地功能分类及分形特征

由于国内外对于城市绿地的统计口径不统一，不同的绿地统计方法又直接影响分维结果的大小，使得现有的研究之间不具有可比性，尚不能探讨绿地分维的平均值和理想的绿地系统分维值的演化过程，因此有必要开展持续的城市绿地分形研究。目前城市绿地分形多以一种绿地类型为研究对象，而把城市绿地作为一个系统进行分形研究的案例较少。在绿地系统分形研究中，由于绿地数据获取和分类识别的难度较大，城市绿地整体和某种类型绿地不同年份的纵向分维比较研究较多，缺少对绿地分类的详细描述以及绿地系统内部多类型绿地横向分维比较研究。虽然绿地分维值本身不能评价城市绿地是否发展到理想状态，但多类型绿地的分维值比较能够反映更多绿地形态和结构信息，且具有科学意义。本章以城市中心区绿地系统为研究对象，参考绿地分类标准和土地利用分类标准对城市绿地进行分类统计，采用边界维数、半径维数、网格维数三种模型，探讨各类型绿地的发展特征以及绿地类型分形与分维特征。

5.1　城市绿地分类标准及分类提取

城市绿地分类是城市对绿地规划建设和统计管理的技术基础，中国绿地分类研究多依据土地利用现状分类标准或城市绿地分类标准来划分。土地利用分类方式，更关注植被本身的类型和功能，与绿地有关的一级分类包括了"林地""草地""园地"和"耕地"，"风景名胜用地"统计在"特殊用地"（一级分类）中，但城市中心区中众多公园、广场等其他人工绿地均未纳入其统计范围。由于以往研究中绿地数据大多来源于土地利用数据，研究人员不得不采用此种分类方法。城市绿地分类标准更关注人工绿地的功能和形态，一级分类包括"公园绿地""广场用地""防护绿地""附属绿地"和"区域绿地"。"区域绿地"包括"风景游憩地""生态保育绿地""区域设施防护绿地"和"生产绿地"，虽然统计范围包括了建设用地和非建设用地，实现了城市行政区域的全覆盖，但却无法覆盖"林地"的所有类型。原因是"区域绿地"的二级分类中，除了"生产绿地"以外，其他类型多以"林地"进行人工改建而成，但未形成以上功能的"林地"却无法进行统计归类。实际的分类工作中无法统计到"区域绿地"里的林地斑块数量很多，而这些林地是绿地研究中不可忽视的组成部分。城市中心区绿地类型以人工建设的绿地为主，因此本研究以《城市绿地分类标准》（CJJ/T 85—2017）为主要依据，为了保证林地、草地等能被完全统计到绿地分类中，以《土地利用现状分类》（GB/T 21010—2017）中关于绿地的分类部分作为次要依据，并结合研究区域内的绿地植被特点进行重分类，将大连市中心区绿地分为5类，见表5-1。

表5-1　绿地类型分类及其内容

编号	分类	内容与范围
G1	公园绿地	向公众开放，以游憩为主要功能，兼具生态、景观、文教和应急避险等功能，有一定游憩和服务设施的绿地
G2	防护绿地	用地独立，具有卫生、隔离、安全、生态防护功能，游人不宜进入的绿地。主要包括卫生隔离防护绿地、道路及铁路防护绿地、高压走廊防护绿地、公用设施防护绿地等
G3	广场绿地	以游憩、纪念、集会和避险等功能为主的城市公共活动场地，绿化占地比例宜大于或等于35%，绿化占地比例大于或等于65%的广场用地计入公园绿地
G4	附属绿地	附属于各类城市建设用地（除绿地与广场绿地）的绿化用地。包括居住用地、公共管理与公共服务设施用地、商业服务业设施用地、工业用地、物流仓储用地、道路与交通设施用地、公用设施用地等用地中的绿地
G5	其他绿地	指生长乔木、竹类、灌木的土地，包括乔木林地、竹林地、红树林地、森林沼泽、灌木林地、灌丛沼泽和其他林地，其他林地包括疏林地、未成林地、迹地、苗圃等林地

将大连市2019年的绿地信息进行分类，主要通过目视解译和外业调查的方法进行人工分类，具体步骤为：

（1）通过高德地图获取2019年公园、广场的POI，结合POI的坐标位置进行公园绿地、广场绿地分类。

（2）利用百度地图截获器下载城市建筑数据作为参考，确定附属绿地分类。

（3）通过道路、铁路和高压走廊等城市基础数据，确定防护绿地分类。

（4）参考大连市土地利用现状图，结合林地斑块边界线形态和分布特点，确定林地分类。

（5）最后将无法通过目视解译的绿地进行外业调查，确定分类。

大连市2019年各类型绿地斑块参数特征见表5-2。

表5-2　大连市2019年各类型绿地斑块参数特征

绿地等级	斑块数量/个	斑块总面积/hm²	平均斑块面积/hm²
G1	94275	338.58	0.0036
G2	44215	1317.63	0.0298
G3	6116	1618.11	0.2646
G4	900	2534.03	2.8156
G5	149	23327.55	156.56

5.2　各类型绿地网格维数特征

首先，判断大连市中心区绿地是否具有分形特征。利用ArcGIS软件很容易算出不同尺度r下城市绿地面积的非空格子计数$\ln N(r)$，以$\ln r$为横坐标$\ln N(r)$为纵坐标，将统计后的全部点列构建ln-ln坐标图，发现点列线性分布趋势明显，借助最小二乘法，用幂指数模型进行拟合，拟合优度系数R^2均在0.99以上效果较好，初步判定大连市中心区各类型绿地形态及结构具有分形特征。

然后，进行无标度区的确定。通过多次拟合，最终确定G3的标度区内点列为8对，G1、G2、G4、G5为10对。大连市2019年各类型绿地网格维双对数图，如图5-1所示。

如图5-1所示，G1、G3的线性趋势和拟合效果稍差，G2、G4、G5的线性趋势和拟合效果较好。拟合优度为0.9905～0.9997，G1的拟合优度最低，G2、G3居中，G4、G5的拟合优度最高。最后，进行网格维数结果统计及置信陈述，见表5-3。

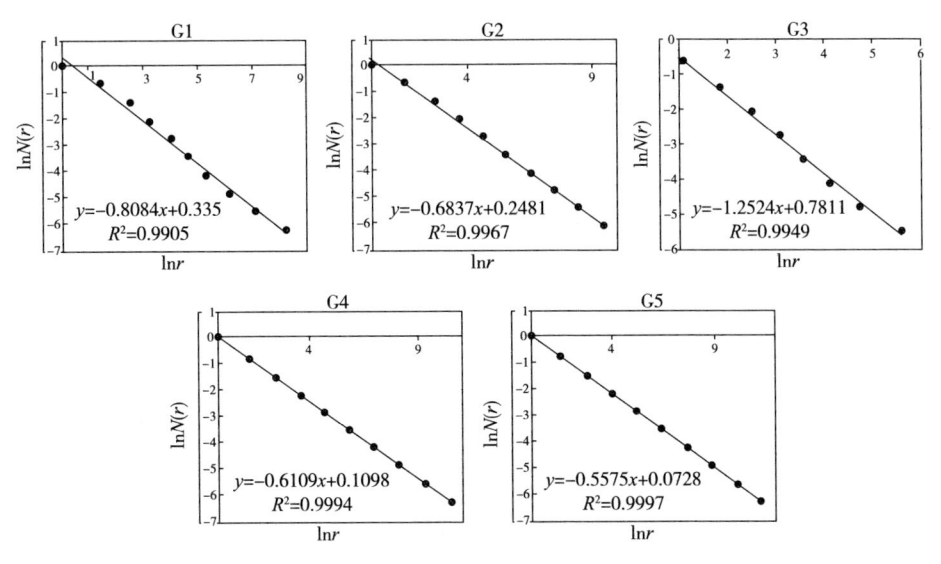

图5-1　大连市2019年各类型绿地网格维双对数图

表5-3　大连2019年各类型绿地网格维分维结果及置信陈述

参数	G1	G2	G3	G4	G5
D	0.8084	0.6837	1.2524	0.6109	0.5575
R^2	0.9905	0.9967	0.9949	0.9994	0.9997
标准误差	0.0280	0.0139	0.0366	0.0053	0.0034
误差范围	0.780~0.873	0.669~0.716	1.216~1.342	0.606~0.623	0.554~0.565
标度区内点列	10	10	8	10	10

从测算结果来看：

（1）大连市2019年五大类型绿地都具有分形性质，在95%的水平上具有良好的置信度，网格维数为0.5575~1.2524。

（2）绿地分类维度计算的网格维分维结果，各类型之间差别很大。网格维代表着绿地空间分布的均衡度，各类型绿地均衡度排序为G3＞G1＞G2＞G4＞G5。广场绿地（$D=1.2524$）和公园绿地（$D=0.8084$）是典型的人工型绿地，在规划建设之前充分考虑到用地选址和绿地公平性，因此绿地均衡度较高。附属绿地（$D=0.6109$）和其他绿地（$D=0.5575$），一个集中分布在研究区的内环，一个相对集中分布在研究区的外环。附属绿地与附属用地的空间分布一致，由于大连市自然地形的限制，城市建设用地集中布局在城市中心，因此，大面积附属绿地相伴而生。其他绿地中，多为自然林地、草地，大面积的斑块伴随丘陵地形分布在甘井子区西侧、沙河口区、中山区东侧，形成了天然的绿地屏障，阻碍了城市建设用地的扩张，同时为城市整体的自然生态环境提供了保障。防护绿地（$D=0.6837$）中，主要构成为道路防护绿地，大都伴随城市重要交通线路两侧及节点，均匀度低于公园、广场类的休闲服务型绿地，高于附属绿地、其他绿地这种集中分布的绿地。

（3）将三种分维结果进行比较，如图5-2所示。三种维度的绿地网格维比较中，绿地类型维度的网格维变化最大，且明显高于另外两种维度的网格维。广场绿地的网格维明显超过平均水平。绿地系统整体的网格维和各等级绿地的网格维，变化幅度不大，整体水平在0.5~0.6之间，绿地系统的网格维平均数为0.54222，各等级绿地网格维平均数为0.58606，可以推断，一般情况下绿地网格维数可能在0.5~0.6之间。

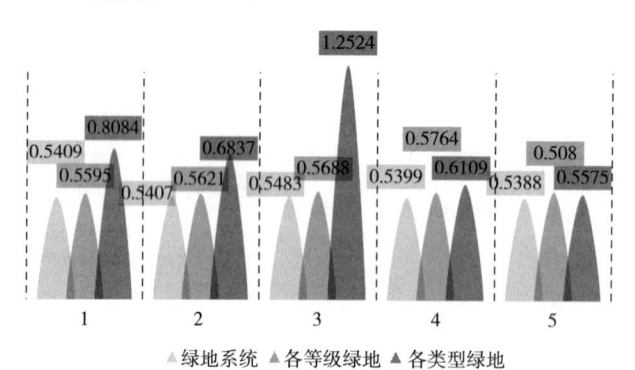

图5-2 大连市绿地系统三种维度下网格维数比较

5.3 各类型绿地边界维数特征

分别采用周长—尺度模型和周长—面积模型测算大连市2019年各类型绿地

的边界维，测算过程包括：初步判定绿地是否分形、确定标度区范围、测算分维和置信陈述，具体操作方法与网格维一致，采用周长—尺度模型估算的各类型绿地边界维双对数图，如图5-3所示，采用周长—面积模型估算的各类型绿地边界维双对数图，如图5-4所示。

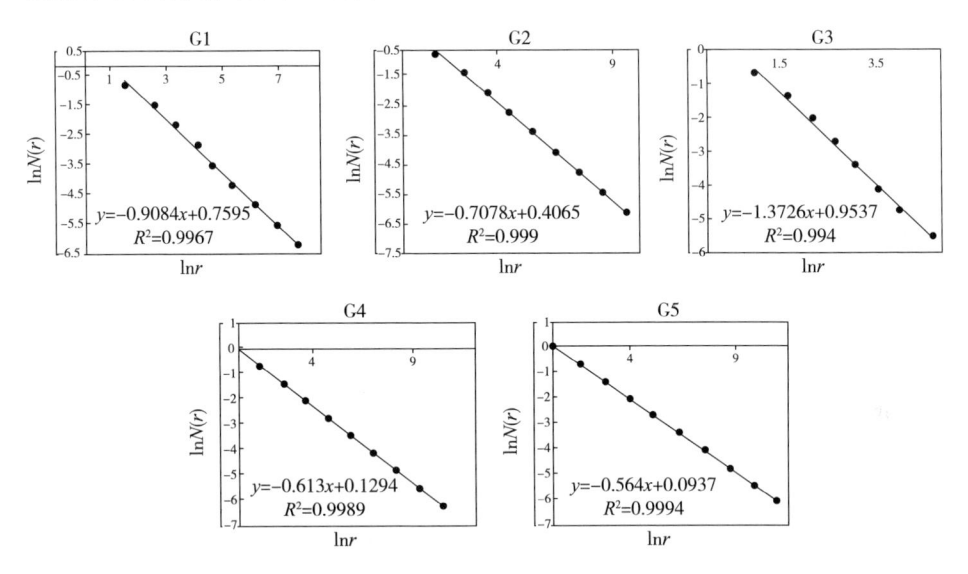

G1: $y=-0.9084x+0.7595$, $R^2=0.9967$

G2: $y=-0.7078x+0.4065$, $R^2=0.999$

G3: $y=-1.3726x+0.9537$, $R^2=0.994$

G4: $y=-0.613x+0.1294$, $R^2=0.9989$

G5: $y=-0.564x+0.0937$, $R^2=0.9994$

图5-3 大连市2019年各类型绿地采用周长—尺度模型估算的边界维双对数图

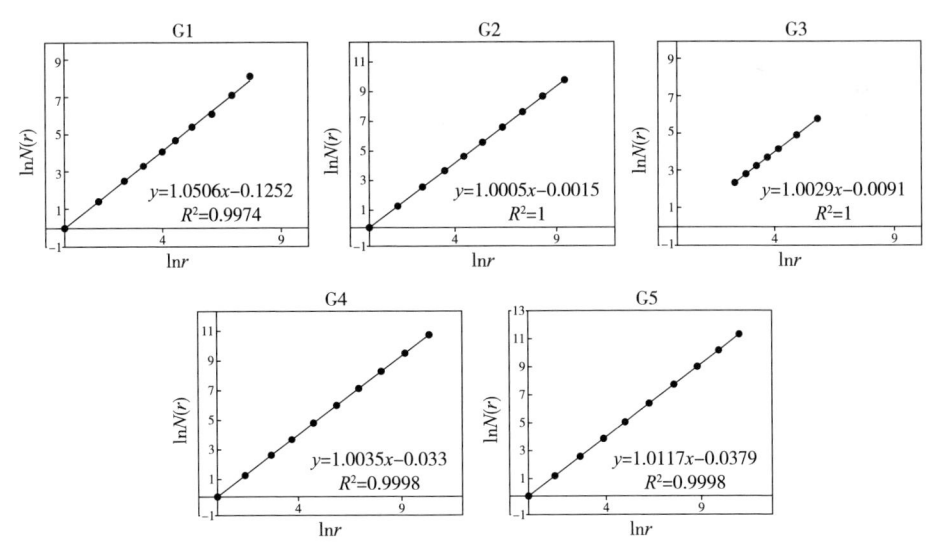

G1: $y=1.0506x-0.1252$, $R^2=0.9974$

G2: $y=1.0005x-0.0015$, $R^2=1$

G3: $y=1.0029x-0.0091$, $R^2=1$

G4: $y=1.0035x-0.033$, $R^2=0.9998$

G5: $y=1.0117x-0.0379$, $R^2=0.9998$

图5-4 大连市2019年各类型绿地采用周长—面积模型估算的边界维双对数图

如图5-3所示，经过多次拟合，采用周长—尺度模型估算的边界维，G1、G2的回归范围为9个点列，G3的回归点列为8对，G4、G5两类绿地均为全部点列回归。从拟合效果来看，G4、G5最优，G2较好，G1和G3稍差。拟合优度R^2为0.9940~0.9994，各类型绿地的拟合优度大小与回归点列的多少成正比。如图5-4所示，采用周长—尺度模型估算的边界维，G1、G2、G4、G5的回归范围为均为全部点列，但G3广场绿地的回归点列只有7对。拟合优度与回归点列差异较大，G2、G3两类绿地完美拟合（$R^2=1$），G4、G5两类绿地拟合效果也很出色（$R^2=0.9998$），G1公园绿地的拟合优度最低（$R=0.9974$）。采用两种模型估算的边界维分维结果及置信陈述，见表5-4。

表5-4 大连市2019年各类型绿地采用两种模型估算的边界维分维结果及置信陈述

模型	参数	G1	G2	G3	G4	G5
周长—尺度	D	0.9084	0.7078	1.3726	0.6233	0.5640
	R^2	0.9967	0.9990	0.9940	0.9994	0.9994
	标准误差	0.0198	0.0085	0.0435	0.0072	0.0049
	误差范围	0.889~0.928	0.699~0.716	1.329~1.416	0.606~0.620	0.559~0.569
	标度区内点列	9	9	8	10	10
周长—面积	D	1.9036	1.9990	1.9942	1.9930	1.9768
	R^2	0.9974	1	1	0.9998	0.9998
	标准误差	0.0344	0.0000	0.0000	0.0100	0.0099
	误差范围	1.824~1.983	1.999	1.994	1.970~2.016	1.954~1.999
	标度区内点列	10	10	7	10	10

结果表明：

（1）采用两种模型估算的标度区内点列比较，G4、G5都为全部点列，G3最差，为7~8。这说明G4、G5在研究区内的全部空间范围内具有明显的分形特征，而其他各类绿地分别在一定范围内具有分形特征，G3的分形特征表现的空间范围最小。

（2）置信度的比较发现，两种模型下G2、G5都表现出良好稳定的置信效果，而其他类型绿地在两种模型中的置信效果差异明显。

（3）采用周长—尺度模型估算的绿地边界维分维结果在0.5640~1.3726之间，平均值为0.83522，各类型绿地边界形态复杂度排序为G3＞G1＞G2＞G4＞G5，这和绿地均衡度的排序结果一致；采用周长—面积模型估算的绿地边界维分维结果在1.9990~1.9942之间，平均值为1.97332，各类型绿地不稳定性的排序为G2＞G3＞G5＞G4＞G1。

（4）各类型绿地边界维与城市绿地系统以及各等级绿地的边界维结果比较，两种模型下的分维结果，如图5-5、图5-6所示。

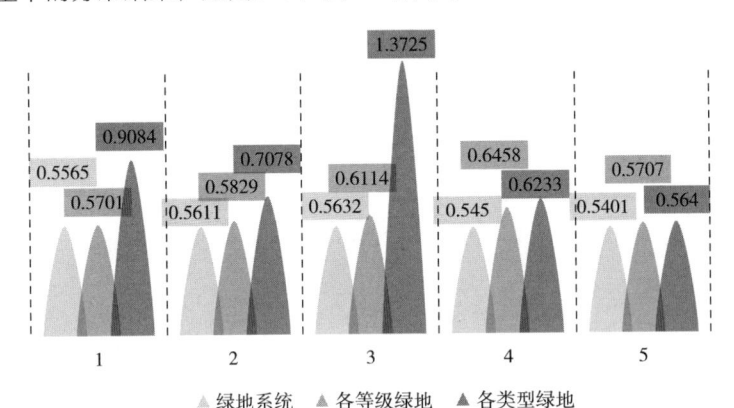

图5-5 大连市绿地系统三种维度下采用周长—尺度模型估算的边界维比较

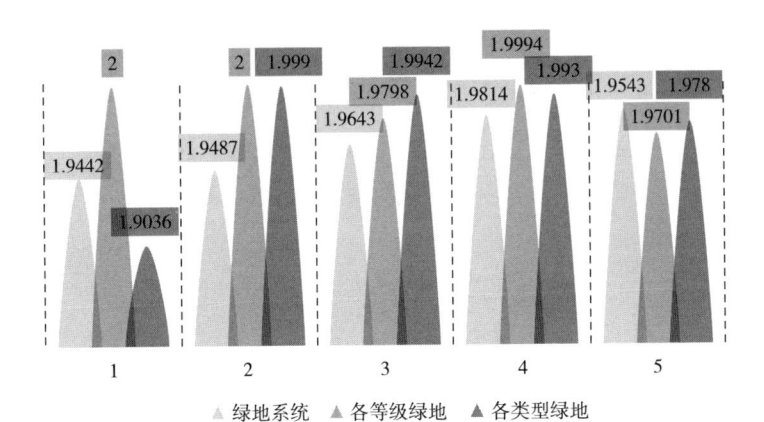

图5-6 大连市绿地系统三种维度下采用周长—面积模型估算的边界维比较

由图5-5可知，采用周长—尺度模型估算的城市绿地边界维结果在0.5~1.4之间，分维数跨度较大。三个维度比较下，城市绿地系统和各等级绿地的边界维较为稳定，分维结果为0.5~0.6，这与网格维的估算结果一致。各类型绿地的边界维波动较大，尤其表现在公园绿地和广场绿地上。总体来说，各类型绿地的边界维＞各等级绿地的边界维＞绿地系统的边界维。虽然不同维度下的分维结果不具有可比性，但是城市绿地系统整体的边界维低于各等级、各类型维度的边界维，这个结果与网格维一致，可能存在共性。

采用周长—面积模型估算的边界维，分维结果整体为1.9036~2，城市绿地系统半径维的平均值为1.96458，各等级绿地半径维的平均值为1.98986，各类型绿地半径维的平均值为1.97332，城市绿地系统整体的均值最低。纵向维度下分维结果具有逐渐升高的趋势，意味着绿地破碎度和不稳定性随着时间的变化而逐渐升高。其他两种横向维度下的分维结果波动都比较大，无明显特征趋势。这说明周长—面积模型是边界维估算中不可忽略和替代的一种模型，其分维结果和地理含义对于解释绿地及其他地理信息的特征具有重要意义。

5.4 各类型绿地半径维数特征

本章为了与第3章、第4章半径维数的结果进行比较，依然按照研究区重心为中心的研究方案。然后按照3.4章节中所述的半径维测算方法对大连市2019年各类型绿地半径维进行评估，测算的双对数图如图5-7所示。

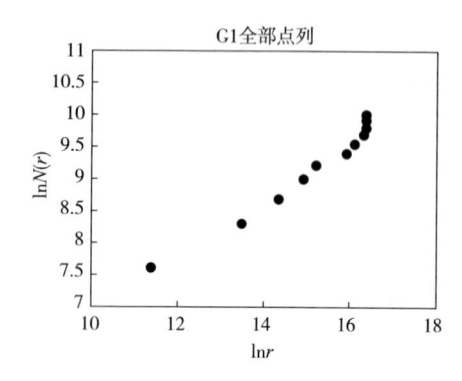

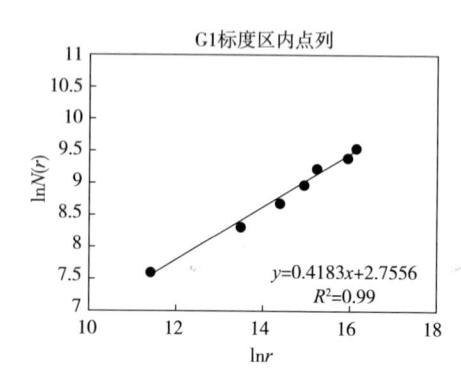

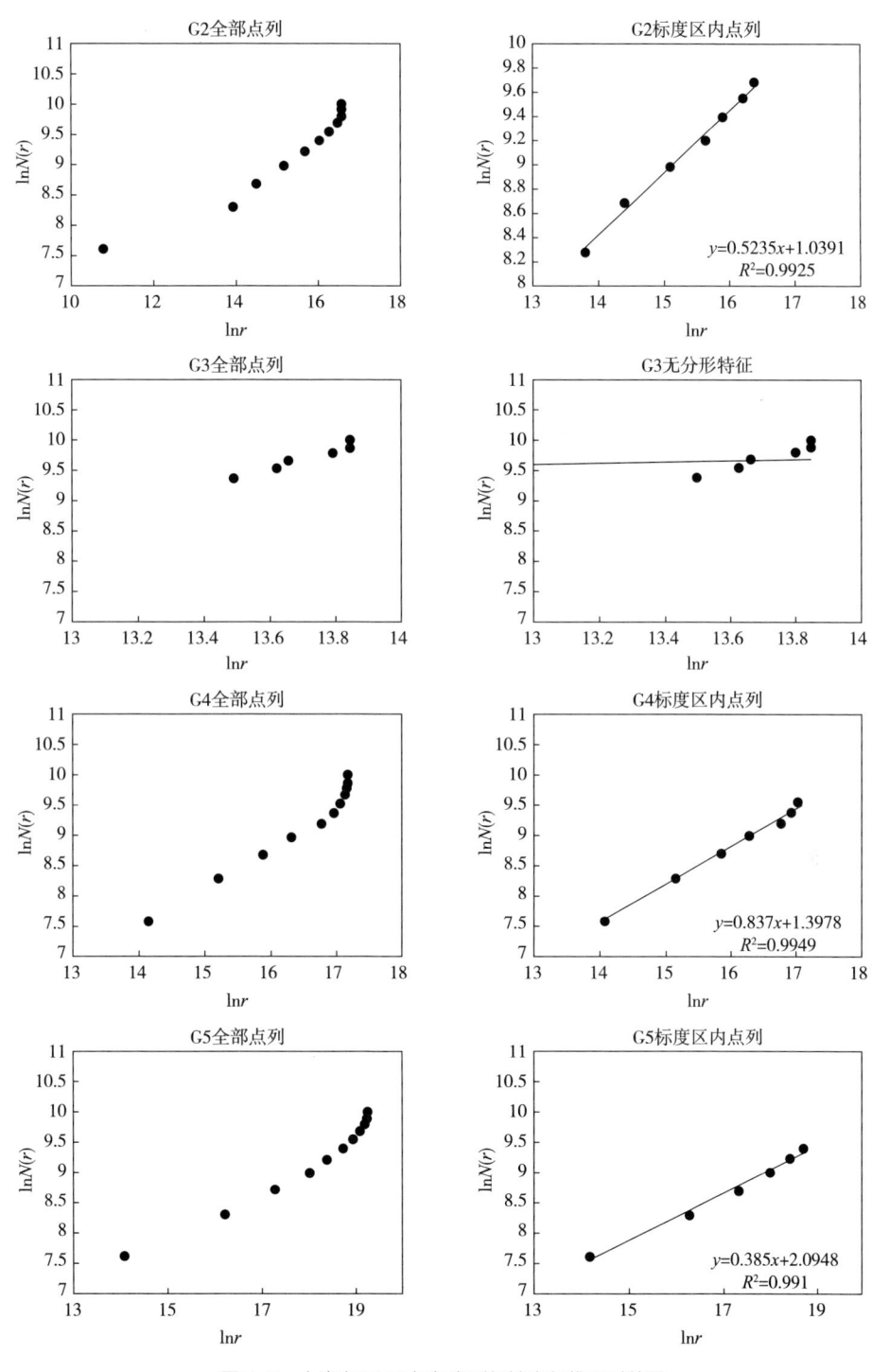

图5-7　大连市2019年各类型绿地半径维双对数图

经过多次拟合，初步判断G3广场绿地不具有分形特征，其他类型绿地均具有分形性质。G1、G2、G4三类绿地回归范围为7个点列，其中G4的线性趋势较好，G1、G2稍差。G5的回归范围为6个点列，回归效果较好。各类型绿地分维的拟合优度为0.9900~0.9949。各类型绿地半径维分维结果及置信陈述见表5-5。

表5-5 大连市2019年各类型绿地半径维分维结果及置信陈述

绿地类型	D	R^2	标准误差	误差范围	标度区范围
G1	0.418	0.9900	0.0188	0.367~0.467	0~14000m
G2	0.523	0.9925	0.0204	0.471~0.576	4000~16000m
G4	0.637	0.9949	0.0204	0.585~0.689	0~14000m
G5	0.385	0.9910	0.0183	0.334~0.436	0~12000m

结果表明：

（1）大连市2019五个类型的绿地有四类具有分维特征，分别为公园绿地、防护绿地、附属绿地和其他绿地，分维结果为0.385~0.637，均在95%的水平上，具有良好的置信度。

（2）半径维数均小于2，说明城市绿地密度从中心向外围递减的速率快，各等级绿地在各自标度区范围内空间分布的中心化趋势明显，排序为G5＞G1＞G2＞G4。

（3）标度区的数量和范围具有重要的特征意义。以研究区重心为中心测算的2019年各类型绿地的半径维标度区都只有一个，说明绿地集中分布的特征只在一个标度区范围内呈现。各类型绿地半径维的标度区范围与绿地系统整体相比要大，与各等级绿地的标度区范围相比要小。G1、G4、G5的标度区范围特征相近，G1、G4在半径14000m以内，G5标度区范围在半径12000m以内，这三个类型绿地的标度区分布在研究区域的内环。G2的标度区范围为4000~16000m，分布在研究区域的中环。四类绿地的标度区总长度为12000~14000。标度区的范围表征各类型绿地斑块有序分布的空间特征范围，由中心向外半径4000m、12000m、14000m为绿地系统空间结构的重要节点。

各类型绿地半径维与城市绿地系统以及各等级绿地的半径维结果比较，如图5-8所示。三种维度下，整体的分维值为0.3521~0.7883，绿地系统整体的半径维平均值为0.3947，各等级绿地半径维的平均值为0.60956，各类型绿地半径维的平均值为0.49075。绿地系统整体的半径维低于横向两种维度的半径维，这个情况与网格维、周长—尺度模型估算的边界维一致。

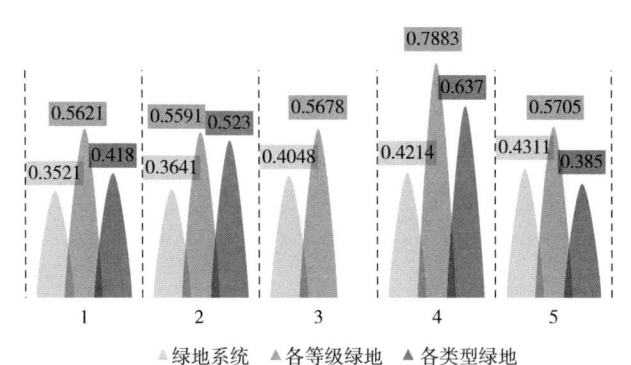

图5-8 大连市绿地系统三种维度下估算的半径维比较

Yilu Gong等[12]基于百度地图及高分影像数据，研究了大连市2019年各类型绿地半径维的分维特征。研究中，以绿地斑块重心为中心，算数尺度的研究方案，最终测量结果见表5-6。

表5-6 采用绿地斑块重心为中心方案测量的各类型绿地半径维及置信陈述

参数	G1		G2			G4	G5
	第一标度区	第二标度区	第一标度区	第二标度区	第三标度区	标度区	标度区
标度区范围/m	4000~7000	7000~11000	1000~4000	4000~8000	8000~17000	0~5000	4000~16000
分维D	0.29	1.22	0.87	0.46	0.94	0.61	0.35
分维D平均值	0.76		0.76			0.61	0.35
拟合优度R^2	0.9914	0.9979	0.9993	0.9969	0.991	0.9927	0.9917
标准误差δ	0.026	0.039	0	0.018	0.033	0.03	0.01
误差范围	0~0.5	1.05~1.39	0.87	0.39~0.53	0.97~1.01	0.52~0.70	0.33~0.37

与 Yilu Gong 等的研究相比，研究区、数据基本一致，半径维测算方案的中心不同，测算结果有相同之处也有所差异。相同点是：除了广场绿地外，其他绿地类型均表现出显著的分形特征，附属绿地和其他绿地呈现出单分形特征，即回归范围只识别出一个标度区。不同点是：公园绿地存在2个标度区，即呈现出双分形特征区，防护绿地存在2个以上的标度区，即呈现出多分形特征。多个标度区能够揭示出更多的地理信息，Yilu Gong 等的研究表明大连市各类型绿地密度分布呈现出"特征范围"，称为"梯度结构"。第一梯度为0~4000m，第二梯度为4000~8000m，第三梯度为8000~16000m。由于半径法标度区范围估值存在误差，梯度区范围只是粗略地估值，由数值呈现出的梯度结构要比数值本身的精确度更为重要。

5.5 本章小结

分维能直观有效地度量分形，是分形研究中不可回避的科学问题。西方学者善于用计算机模拟的方法测量分维，而中国学者更侧重数学模型。理论上三种分维模型测量结果越接近说明城市分形越简单，与城市系统相比城市绿地系统表现出越复杂的分形特征：周长—面积模型和周长—尺度模型测量的边界分维结果差别很大；周长—面积模型、面积—尺度模型、面积—半径模型测量的分维结果比城市分维（1.71）小很多，周长—尺度模型测量的分维结果比城市分维大很多。

分维测量和分形判断的技术问题是分形研究中的难点。尺度、标度区、标准误差、拟合优度、置信陈述，都是热点参数。半径维数模型是自下而上的测算，测量结果非常依赖于圆心的选择，因此 Frankhauser 称为局部分形[218]。Batty、姜世国、陈彦光等都曾讨论过圆心的重要性[219-221]，本书研究城市绿地半径维时，进一步发现：圆心、最小半径、尺度是相互作用、共同影响分维结果的三个重要参数。

本章的主要内容是：

（1）基于绿地功能类型的视角，结合新版《城市绿地分类标准》对城市绿地系统进行重分类，并基于大连市2019年绿地数据进行实证，简要分析了各类型绿地空间分布格局特征。

（2）采用网格维、边界维、半径维三种模型，对各类型绿地进行分维测量。

（3）对城市绿地系统、绿地面积分级、绿地功能分类三种维度下测量的绿地分维结果进行比较，探索其共性及差异。

重要研究结果如下：

（1）在城市绿地系统类型调查和分维测量中，为将全部类型绿地统计在内，可将绿地分为公园绿地、防护绿地、广场绿地、附属绿地以及其他绿地。

（2）大连市2019五大类型绿地网格维数为0.5575~1.2524，各类型绿地均衡度排序为G3＞G1＞G2＞G4＞G5。采用周长—尺度模型估算的绿地边界维分维结果在0.5640~1.3726之间，各类型绿地边界形态复杂度排序为G3＞G1＞G2＞G4＞G5。采用周长—面积模型估算的绿地边界维分维结果为1.9990~1.9942，各类型绿地不稳定性的排序为G2＞G3＞G5＞G4＞G1。各类型绿地半径维的分维结果为0.385~0.637，除广场绿地外其他类型绿地均具有分形特征，各类绿地在各自标度区内空间分布中心化程度的排序为G5＞G1＞G2＞G4。各类型绿地三种分维结果比较，如图5-9所示，三种分维趋势相近，总体来说边界维＞网格维＞半径维。

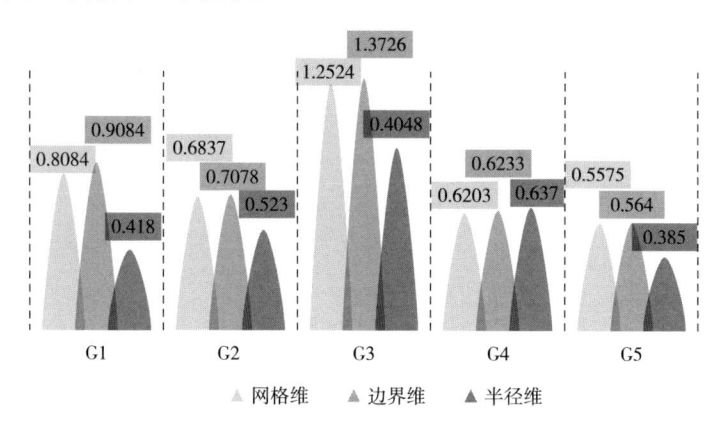

图5-9 大连市2019年各类型绿地三种分形维数的比较

（3）三种维度下测算的绿地分维比较发现，一般情况下城市绿地系统整体的分维结果要低于横向维度的测算的分维结果。网格维和周长—尺度模型测算的边界维中，各类型绿地的分维结果最高、波动最大。周长—面积模型测算的边界维中，城市绿地系统的分维结果具有明显的逐年增高的趋势。半径维的分维结果显示，各等级绿地的分维数最高、波动较大。

（4）通过纵向2007~2019年等十多年时间跨度，以及横向绿地分级、分类三个维度下的绿地分维测量，发现一般情况下绿地网格维为0.5~0.6，采用周长—面积模型估算的边界维结果为1.9~2.0，而其他模型测量的绿地分维结果跨度较大，并没有显示出稳定的分维值和区间。

6

城市绿地分形与热环境的相关性

国内外相关研究目前只涉及城市绿地分形的估算，缺少绿地分形与其他地理现象相关性的研究。本章首次利用两种遥感影像数据研究城市绿地分形与热环境的相关性，是本书重要的创新内容。城市绿地信息来自高分遥感影像数据，分辨率约为3m，地表温度信息来自Landsat数据，分辨率约为30m。由于两种数据精度的差异较大，确定合适的研究尺度是本章研究的重点和难点。如果研究尺度过小，虽然能提高绿地分形和地表温度的研究精度，但研究区整体范围太大，绿地分维和地表温度在研究区范围内的空间差异巨大，很难科学地选择具有代表性和普遍性的研究样地，这使研究结果具有随机性。如果研究尺度过大，由于热环境指标只能用地表温度平均值表征，这样会大大削弱热环境的空间特征，并使得研究结果的可信度降低。经过多次测算和实验，研究发现城市绿地分形与热环境在研究区整体的尺度下不显示相关性，但在"温度区""街区管理单元"等尺度下存在复杂的相互作用关系。以"温度区"作为研究尺度的科学性在于：

（1）在相同温度区内地表温度的差值不大，地表温度平均值可以更科学地表征同一温度区内的热环境指标。

（2）温度区分级可以通过实验科学确定，合理的分级可获得稳定的面积和合适的尺度，使得城市绿地分形的结果不具有随机性。

（3）不同温度区内的城市建设、土地利用、绿地系统布局等通常具有不同的特征，有利于深入挖掘绿地分形及热环境的相互作用机制。

因此，本章以"温度区"作为研究尺度，研究不同温度区内，城市绿地系统网格维、边界维、半径维与地表温度的相关性。本章具体研究思路为：首先，提取大连市2007~2019年地表温度及绿地信息数据。其次，确定温度区范围并分析其空间演变特征。再次，各温度区内城市绿地分形判定与分维估算。最后，进行二者的相关性分析。

6.1 地表温度提取及城市温度区空间特征演变

6.1.1 地表温度提取

依据本书2.3.2章节所述的大气校正法进行地表温度反演,具体步骤包括:

(1)图像辐射定标。

(2)进行地表比辐射率计算。

(3)进行黑体辐射量度计算,其中需要获得的大气剖面信息来自NASA网站(http://atmcorr.gsfc.nasa.gov),以2019年为例,输入相关参数得到的信息面板,如图6-1所示。

```
Date (yyyy-mm-dd):                    2019-06-25
Input Lat/Long:                       38.500/ 121.450
GMT Time:                             2:55
L8 TIRS Band 10 Spectral Response Curve
Mid-latitude winter standard atmosphere
User input surface conditions
  Surface altitude (km):              -999.000
  Surface pressure (mb):              -999.000
  Surface temperature (℃):            -999.000
  Surface relative humidity (%):      -999.000

Band average atmospheric transmission:    0.78
Effective bandpass upwelling radiance:    1.81 W/m^2/sr/um
Effective bandpass downwelling radiance:  2.96 W/m^2/sr/um
```

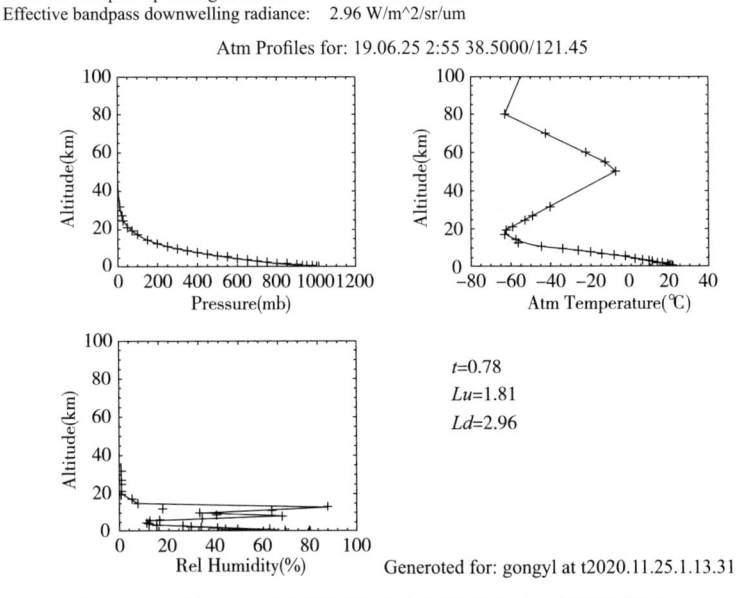

Atm Profiles for: 19.06.25 2:55 38.5000/121.45

t=0.78
Lu=1.81
Ld=2.96

Generoted for: gongyl at t2020.11.25.1.13.31

图6-1 通过NASA网站得到的大连市2019年大气剖面信息图

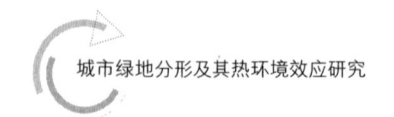

（4）通过公式计算得出摄氏温度的地表温度图像。

大连市2007~2019年地表温度提取时间及参数特征，如表6-1所示。大连市地表温度具有明显的空间格局特征，2007年研究区外围地表温度低，低温区呈现出"C"字形的空间格局特征，研究区中心地表温度高，高温区呈现出"火"字形的空间格局特征。2010年地表温度与2007年相比，高、低温区的格局特征不太显著，主要表现在研究区外围甘井子区西北部部分区域地表温度提升，研究区中心甘井子区中东部大部分区域地表温度降低。2014年地表温度格局与2007年相似，不同之处在于低温区整体温度更低，高温区内部出现较多颜色较深的小斑块，使得高温区北部与低温区交界的部分变得不清晰。2016年，低温区图像颜色进一步加深，低温区面积进一步蔓延至研究区中心，高、低温区的边界更难界定。2019年地表温度格局出现了较大的改变，由原来"低温区包围高温区"的空间格局，演变为低温区分布在南部高温区分布在北部"南低北高"的空间格局。国内外相关研究表明，城市地表温度格局演变的主要原因之一为城市土地利用覆被变化。大连市2007~2019年地表温度变化，除了城镇化带来的建设用地和城市绿地的改变外，还有不同年份下的气候差异，以及不同月份不同时间下绿地植被热环境效应的差异（表6-1）。

表6-1　大连市2007~2019年地表温度参数特征

时间	平均值/℃	最高温/℃	最低温/℃	标准差/℃
20070523	32.293728	46.676971	14.491287	3.131794
20100529	32.192616	46.489105	12.271362	3.185883
20140526	32.102488	48.283936	12.905792	3.102488
20160616	30.277955	47.217133	17.769379	3.051808
20190625	34.107456	46.671265	18.208618	4.173379

6.1.2　温度区提取及空间特征演变

利用ArcGIS软件栅格转点工具，将五期地表温度图像转点，然后进行核密度分析，以自然断裂法将核密度分为5类。

大连市地表温度2007年、2014年、2016年具有相似的空间格局，呈现出"西低东高"的空间格局特征。2010年、2019年具有相似的空间格局，呈现出"南低北高"的空间格局特征。从五级温度分区来看，前三级温度区占据了研究区内的绝大部分区域，最后两级温度区普遍分布在研究区的边界，少量分布在研究区内的水域，这种现象存在于2007~2019年五期数据中。这是因为水体温度显著低于陆地温度，而研究区边界邻海。

因此，为避免水域部分对研究结果的影响，剔除后两级温度区，将前三级温度区提取为高温区、中温区和低温区。具体操作步骤为：

（1）将核密度图进行重新分类，按照自然间断裂法分为5类。

（2）将分类后的图像转换成矢量图。

（3）按属性提取前三级温度区分别作为高温区、中温区和低温区。

低温区集中分布在甘井子区西南侧以及中山区东南侧，形成"团状"的空间形态，还有部分空间范围围绕着研究区的边界，形成"细环"形的空间形态。中温区大部分范围以"条带"形散布在高温区和低温区之间，2007~2016年中温区条带形态形成了闭环分布在研究区的东部，2019年中温区环形条带分布在研究区的北部。高温区的空间分布最为集中，2010年、2014年、2016年形成了相似的空间形态，集中分布在甘井子区东部、沙河口区、西岗区以及中山区西部，但空间范围大小具有明显差异。2010年、2019年高温区具有相似的空间形态，分布在甘井子区北部，"团状+点状"的空间形态结构显现。

大连市2007~2019年温度区不仅在空间分布上具有变化，在面积、温度等参数上也存在差异，利用ArcGIS软件对三个温度区范围进行参数统计。大连市2007~2019年各温度区内平均地表温度变化，如图6-2所示；大连市2007~2019年各温度区总面积变化，如图6-3所示。

大连市2007~2019年各温度区内的平均地表温度在29.21~36.67℃之间，最低温度出现在2016年的低温区，最高温度出现在2019年的高温区。低温区的平均地表温度在29.21~32.01℃之间，最低在2016年，最高在2010年；中温区的平均地表温度在31.46~34.44℃之间，最低在2016年，最高在2010年；高温区的平均地表温度在33.41~36.67℃之间，最低在2016年，最高在2019年。各温区内的平均地表温度在五个年份中的差值较为平均。2019年、2016年的地表

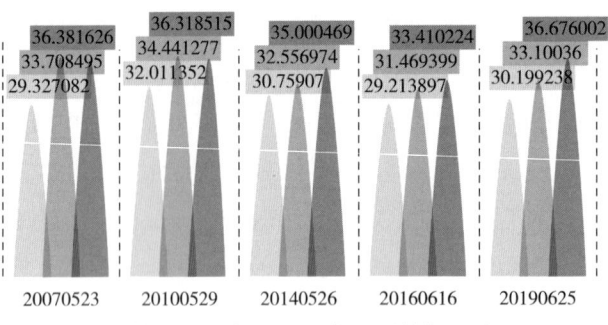

```
        36.381626      36.318515
        33.708495      34.441277      35.000469                     36.676002
        29.327082      32.011352      32.556974    33.410224        33.10036
                                      30.75907     31.469399        30.199238
                                                   29.213897
```

    20070523   20100529   20140526   20160616   20190625
          ▲ 低温区   ▲ 中温区   ▲ 高温区（单位：℃）

图6-2　大连市2007～2019年各温度区内平均地表温度变化

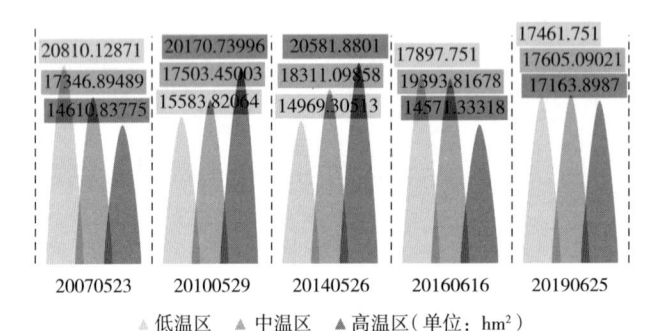

```
    20810.12871    20170.73996    20581.8801
    17346.89489    17503.45003    18311.09858    17897.751       17461.751
    14610.83775    15583.82064    14969.30513    19393.81678     17605.09021
                                                 14571.33318     17163.8987
```

    20070523   20100529   20140526   20160616   20190625
          ▲ 低温区   ▲ 中温区   ▲ 高温区（单位：hm²）

图6-3　大连市2007～2019年各温度区总面积变化

温度数据采集时间均为6月中下旬，2014年、2010年、2007年地表温度数据采集时间为5月下旬。考虑数据采集时间的影响，总体来说，2010年各温区内的平均地表温度最高，2016年各温区内的平均地表温度最低。由此可见，地表温度的影响因素较为复杂。

大连市2007～2019年各温度区内的总面积在17163.89～20810.12hm^2之间，最小温度区是2016年的高温区，最大温度区是2007年的低温区。低温区的总面积在14969.30～20810.12hm^2之间，最小在2014年，最大2007年；中温区的总面积在17346.89～19393.81hm^2之间，最小在2007年，最大在2016年；高温区的总面积在14571.33～20581.88hm^2之间，最小温度区在2016年，最大在2014年。各温区的总面积在五个年份中的差值变化较大：2019年三个温度区的面积相差不大；2016年中温区、低温区面积相当，均大于高温区；2014年、2010年、2007年各温区面积差值较为平均。2014年和2010年各温区面积大小排序为高温区＞中温区＞低温区，2007年各温度区面积大小排序为低温区＞中温区＞高温区。从各温度区面积的时间变化趋势来看，2007～2019年低温区呈现先减少再增加再减少的"S"形曲线；中温区在2016年之前逐渐增大，2016年之后减小；高温区面积变化趋势与低温区正好相反，呈现出先增加再减少再增加的"S"形曲线。总体来说，三个温度区的面积变化趋势为，面积差从相对平均缩小到无，中温区整体变化不大，高温区和低温区呈现出"此消彼长"的复杂变化。

各温度区的面积、平均温度和空间范围的变化，一定程度上反映出了在城镇化建设、城市绿地系统发展等影响因素共同作用下城市热环境在时间、空间等多种维度下的变化特征，是绿地分形与热环境相关性研究的重要研究基础。

6.2　各温度区内城市绿地分维估算

大连市2007～2019年绿地信息提取已经在本书第三章中有详细介绍，将3.1章节中提取出的大连市2007～2019年研究区内的绿地信息，按照本章6.1.2节提取的各温度区范围进行裁剪，得到大连市2007～2019年各温度区内的绿地斑块，其参数特征见表6-2。

表6-2　大连市2007～2019年各温度区内绿地斑块参数特征

时间	低温区绿地斑块		中温区绿地斑块		高温区绿地斑块	
	总面积/hm²	总周长/km	总面积/hm²	总周长/km	总面积/hm²	总周长/km
20070523	15657.80	2036.76	7913.44	2870.33	2413.21	2420.87
20100529	11774.16	1410.56	6560.63	2372.07	6575.46	2634.40
20140526	11552.07	1986.83	9624.97	4063.41	4991.12	4684.33
20160616	14589.96	4133.45	8850.14	5797.11	2744.08	4036.65
20190625	11448.58	6175.74	7104.08	8024.33	5519.76	5820.56

大连市2007~2019年各温度区内的绿地斑块面积演变如图6-4所示。大连市2007~2019年各温度区内绿地斑块面积演变的总体特征为，绿地斑块总面积大小排序为低温区＞中温区＞高温区。2007~2019年低温区、中温区绿地斑块演变趋势相似，呈现先减小再增大再减小的"S"形曲线，高温区绿地斑块的演变趋势相反，呈现出先增大再减小再增大的"S"形发展曲线。绿地斑块面积的演变趋势与各温度区总面积的演变趋势相近，只是变化程度不同。

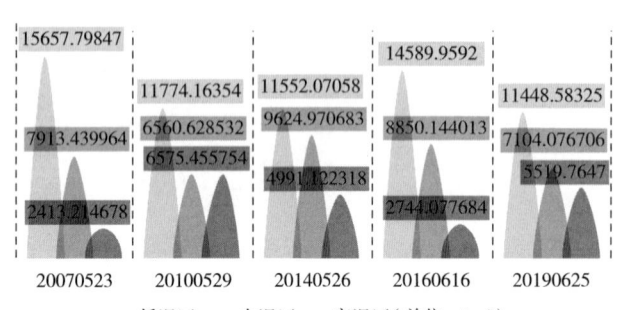

日期	低温区	中温区	高温区
20070523	15657.79847	7913.439964	2413.214678
20100529	11774.16354	6560.628532	6575.455754
20140526	11552.07058	9624.970683	4991.122318
20160616	14589.9592	8850.144013	2744.077684
20190625	11448.58325	7104.076706	5519.7647

▲低温区　▲中温区　▲高温区（单位：hm²）

图6-4　大连市2007~2019年各温度区内绿地斑块面积变化

大连市2007~2019年各温度区内的绿地斑块总周长演变如图6-5所示。大连市2007~2019年各温度区内绿地斑块周长演变的总体特征为，绿地斑块总周长在各温度区均表现出逐渐增大的发展趋势。2014年以前，高温区和中温区的绿地斑块周长总长度相近，并大于低温区的绿地斑块周长。2014年以后，低温区和高温区的绿地斑块周长总长度相近，并低于中温区的绿地斑块周长。从各温度区来看，低温区和中温区的变化趋势相近，在2010年之前小幅度减小，

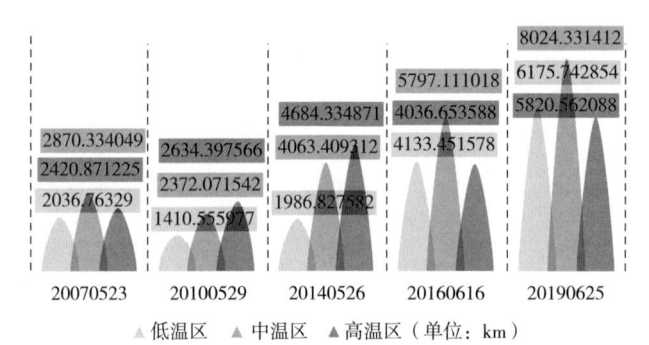

日期	低温区	中温区	高温区
20070523	2870.334049	2420.871225	2036.76329
20100529	2634.397566	2372.071542	1410.555977
20140526	4684.334871	4063.409312	1986.827582
20160616	5797.111018	4036.653588	4133.451578
20190625	8024.331412	6175.742854	5820.562088

▲低温区　▲中温区　▲高温区（单位：km）

图6-5　大连市2007~2019年各温度区内绿地斑块周长变化

2010年以后大幅度逐渐增大。高温区的绿地斑块周长变化较为复杂，2014年之前逐渐增大，2014年之后先减少后增大。

2007~2016年低温区绿地斑块空间分布较为均匀，2019年低温区绿地斑块相对集中分布在"两翼"，中心区填充度较低。2007~2019年中温区绿地斑块的空间分布整体都不太均匀，没有呈现出普遍的空间特征。2007年、2014年、2016年高温区绿地斑块的空间分布较为均匀，同时这三期高温区的空间范围也类似，2010年高温区绿地斑块集中分布在北部，2019年高温区绿地斑块集中分布在西部。

6.2.1 网格维估算

城市绿地分形判定与分维计算方法在本书3~5章已经有详细论述，本节不再赘述研究方法，重点介绍研究过程并分析研究结果。采用网格维模型分别对高温区、中温区、低温区内的绿地分形进行估算，大连市三个温度区内2007~2019年五期绿地统计后的全部点列构建双对数图，如图6-6~图6-8所示。

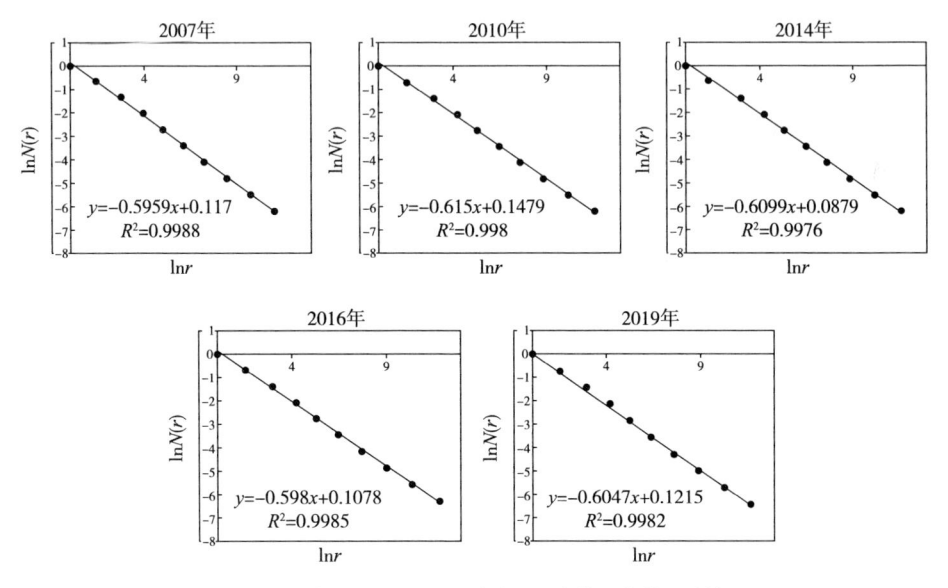

2007年: $y=-0.5959x+0.117$, $R^2=0.9988$
2010年: $y=-0.615x+0.1479$, $R^2=0.998$
2014年: $y=-0.6099x+0.0879$, $R^2=0.9976$
2016年: $y=-0.598x+0.1078$, $R^2=0.9985$
2019年: $y=-0.6047x+0.1215$, $R^2=0.9982$

图6-6 大连市2007~2019年低温区绿地网格维双对数图

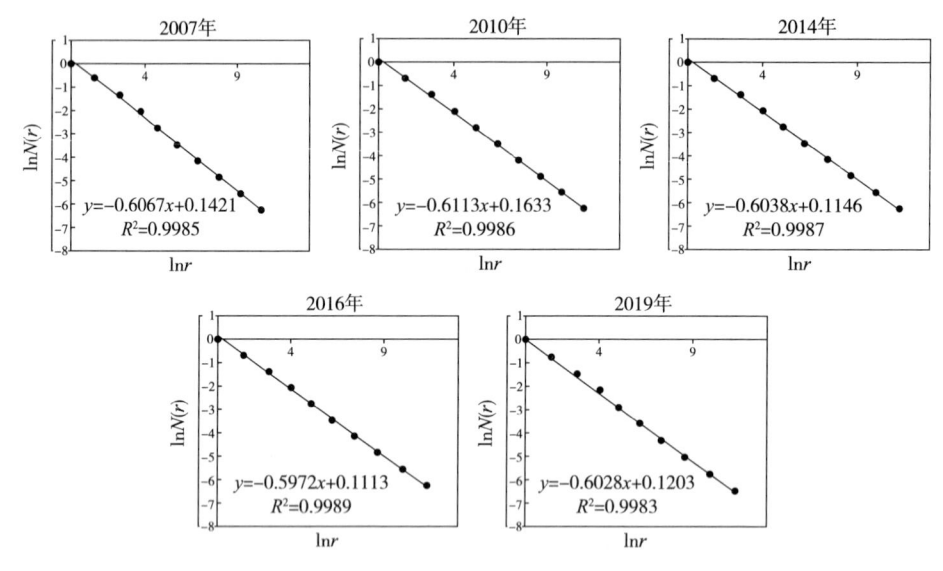

图6-7　大连市2007~2019年中温区绿地网格维双对数图

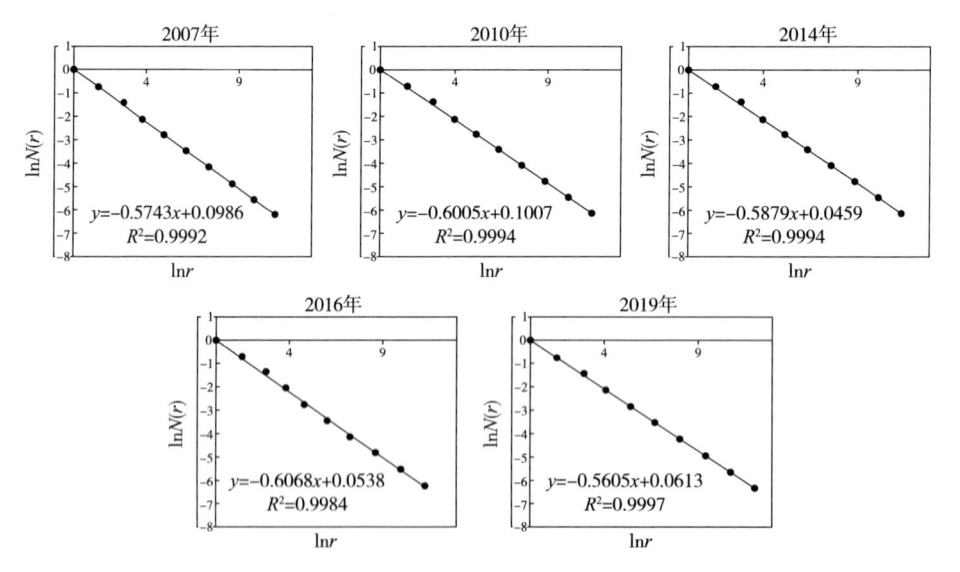

图6-8　大连市2007~2019年高温区绿地网格维双对数图

通过双对数图对绿地分形进行初步判断，三个温度区中15期数据中全部点列线性分布趋势明显，且拟合优度系数R^2均在0.99以上，可以初步判定大连市2007~2019年各温度区内绿地网格维具有分形特征。确定标度区（scaling range）范围，显然网格维的回归范围均为全部点列。通过拟合优度、标准误差、误差范围等参数的计算进行分形维数的置信陈述如表6-3所示,分维结果,如图6-9所示。

表6-3　大连市2007~2019年各温度区内绿地网格维分维结果及置信陈述

温度区	时间	分维数 D	拟合优度 R^2	标准误差 δ	误差范围
低温区	2007	0.5959	0.9988	0.0073	0.5790~0.6127
	2010	0.6150	0.998	0.0097	0.5925~0.6374
	2014	0.6099	0.9976	0.0106	0.5855~0.6342
	2016	0.5980	0.9985	0.0082	0.5791~0.6168
	2019	0.6047	0.9982	0.0091	0.5837~0.6256
中温区	2007	0.6067	0.9985	0.0083	0.5875~0.6258
	2010	0.6113	0.9986	0.0081	0.5926~0.6299
	2014	0.6038	0.9987	0.0077	0.5860~0.6215
	2016	0.5972	0.9989	0.0070	0.5810~0.6133
	2019	0.6028	0.9983	0.0088	0.5825~0.6230
高温区	2007	0.5743	0.9992	0.0057	0.5610~0.5875
	2010	0.6005	0.9994	0.0052	0.5885~0.6124
	2014	0.5879	0.9994	0.0051	0.5761~0.5996
	2016	0.6068	0.9984	0.0086	0.5869~0.6266
	2019	0.5605	0.9997	0.0034	0.5525~0.5684

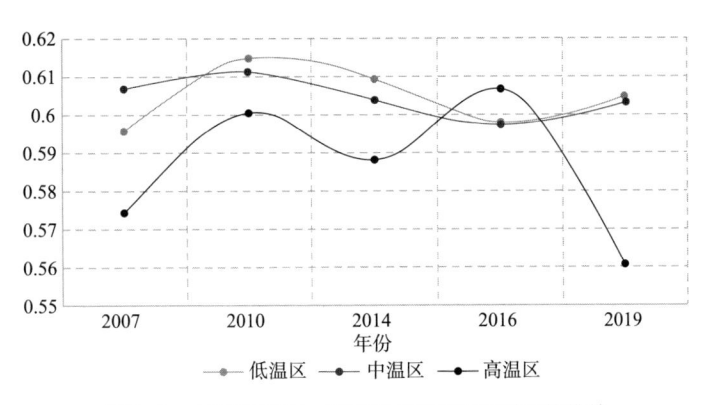

图6-9　大连市2007~2019年各温度区绿地网格维数

结果表明:大连市2007~2019各温度区绿地网格维分维结果为0.5605~0.615,高于大连市2007~2019城市绿地系统整体的分维值。网格维代表了城市绿地空间分布的均衡度,大连市低温区绿地网格维为0.5959~0.6150,均衡度排序为

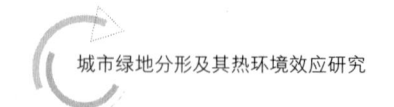

2010年＞2014年＞2019年＞2016年＞2007年；中温区绿地网格维为0.5972～0.6113，均衡度排序为2010年＞2007年＞2014年＞2019年＞2007年；高温区绿地网格为0.5605～0.6068，均衡度排序为2016年＞2010年＞2014年＞2007年＞2019年。低温区、中温区有较为相似的演变趋势，绿地网格维成"S"形曲线演变。高温区绿地网格维演变趋势更为复杂，呈"M"形状。从时间节点来看，2010年各温度区绿地网格维最高，2016年各温度区绿地网格维差异最小。

本书6.2章节中，如图6-4所示为各温度区绿地斑块面积的变化，如图6-9所示为使用绿地面积指标计算的网格维数。网格维的地理含义为绿地空间分布的均衡度，一定程度上反映了绿地面积的空间结构。两张图相比可发现，单一的面积指标和反映面积结构性指标的计算结果具有巨大差异。

6.2.2 边界维估算

6.2.2.1 采用周长—尺度模型估算各温度区绿地边界维

采用周长—尺度模型估算的大连市2007～2019年各温度区绿地边界维，回归范围均为全部点列，以周长和尺度为横纵坐标构建的ln-ln双对数图，如图6-10～图6-12所示。

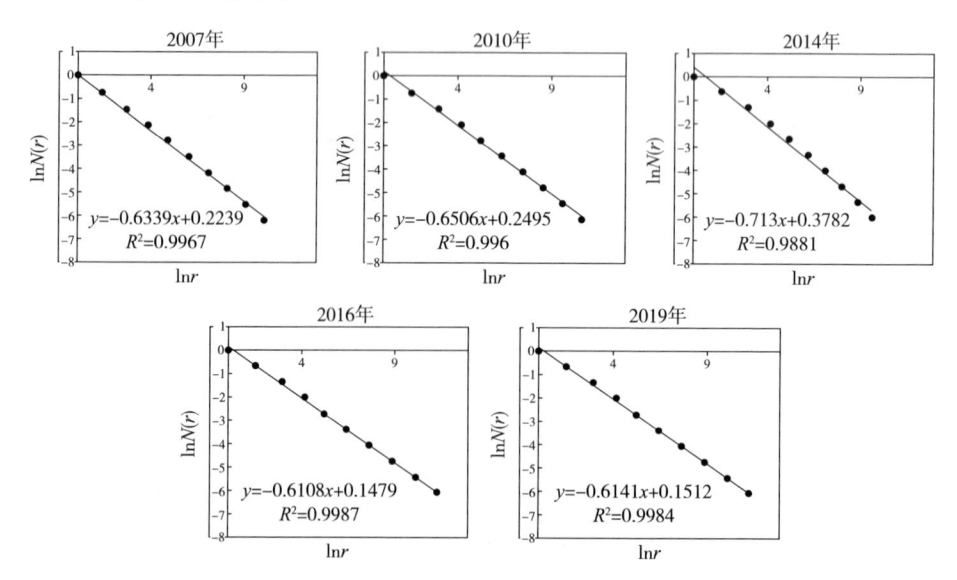

图6-10 采用周长—尺度模型估算的大连市2007～2019年低温区绿地边界维双对数图

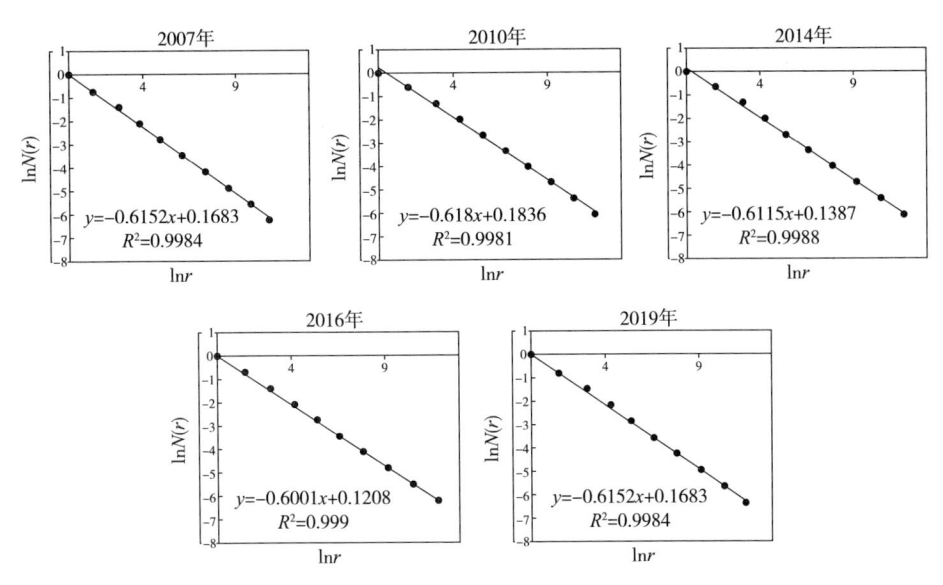

图6-11 采用周长—尺度模型估算的大连市2007~2019年中温区绿地边界维双对数图

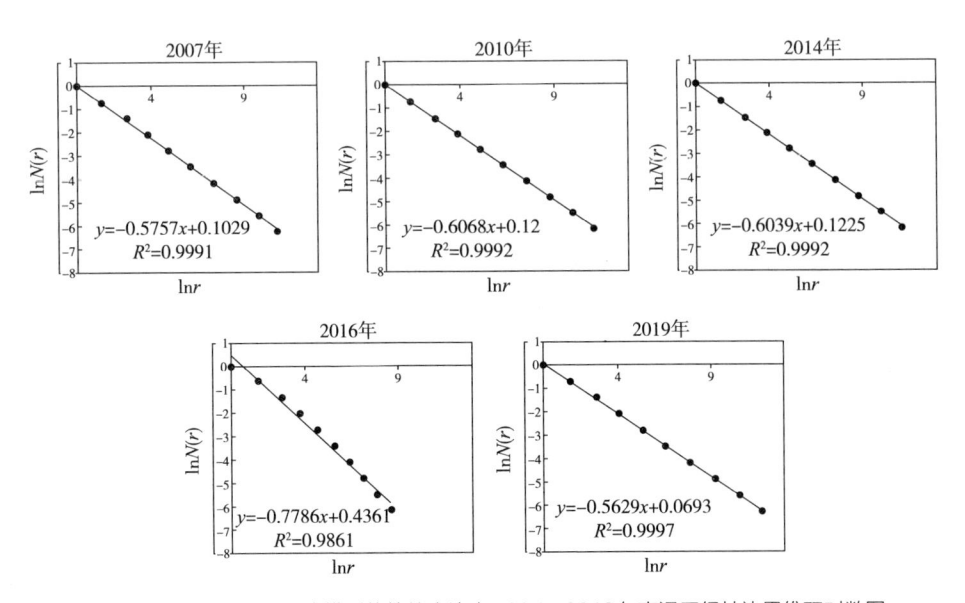

图6-12 采用周长—尺度模型估算的大连市2007~2019年高温区绿地边界维双对数图

采用周长—尺度模型估算的各温度区边界维双对数图中，全部具有明显的分形特征，拟合优度为0.9861~0.9997，回归范围均为全部点列，不需要检验标度区范围。从拟合优度的变化和线性趋势来看，2014年的低温区和2016年的高温区拟合效果稍差，其他年份各温度区均表现出较好的拟合效果。通过拟合优度、标准误差、误差范围等参数的计算进行分形维数的置信陈述见表6-4，边界维的分维结果如图6-13所示。

表6-4 采用周长—尺度模型估算的大连市2007～2019年各温度区内绿地边界维分维结果及置信陈述

温度区	时间	分维数 D	拟合优度 R^2	标准误差 δ	误差范围
低温区	2007	0.6339	0.9967	0.012895866	0.6041～0.6636
	2010	0.6506	0.9960	0.014577042	0.6169～0.6842
	2014	0.7130	0.9881	0.027664165	0.6492～0.7767
	2016	0.6108	0.9987	0.007791269	0.5928～0.6287
	2019	0.6141	0.9984	0.008691642	0.5940～0.6341
中温区	2007	0.6152	0.9984	0.00870721	0.5951～0.6352
	2010	0.6180	0.9981	0.00953308	0.5960～0.6399
	2014	0.6115	0.9988	0.007493813	0.5942～0.6287
	2016	0.6001	0.9990	0.006712679	0.5846～0.6155
	2019	0.6152	0.9984	0.00870721	0.5951～0.6352
高温区	2007	0.5757	0.9991	0.00610897	0.5616～0.5897
	2010	0.6068	0.9992	0.006070429	0.5928～0.6207
	2014	0.6039	0.9992	0.006041417	0.5899～0.6178
	2016	0.7786	0.9861	0.03268258	0.7032～0.8539
	2019	0.5629	0.9997	0.003447562	0.5549～0.5708

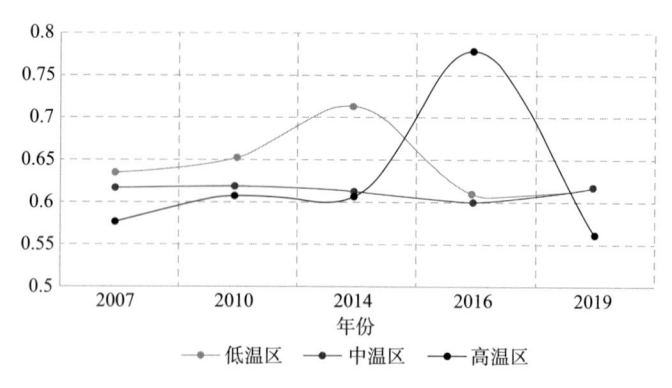

图6-13 采用周长—尺度模型估算的大连市2007～2019年各温度区绿地边界维数

分维结果显示：

（1）采用周长—尺度模型估算的大连市2007~2019年各温度区边界维分维结果在0.5701~0.7786之间，高于采用同样模型估算的城市绿地系统整体的边界维。

（2）周长—尺度模型代表了绿地边界形态的复杂度，低温区绿地的边界维为0.6108~0.7130，边界形态的复杂度排序为2014年＞2010年＞2007年＞2019年＞2016年；中温区绿地的边界维为0.6001~0.6180，边界形态的复杂度排序为2010年＞2019年＞2007年＞2014年＞2016年；高温区绿地的边界维为0.5629~0.7786，边界形态的复杂度排序为2016年＞2010年＞2014年＞2007年＞2019年。

（3）从时间演变趋势来看，中温区在2007~2019年的12年间绿地形态复杂度变化平稳，低温和高温区波动较大。2007年、2010年、2019年各温度区之间绿地边界维相差不大，绿地形态复杂度整体波动不大。2014年、2016年两期绿地各温度区绿地边界维相差较大，2014年低温区绿地形态复杂度明显高于中温区和高温区，2016年高温区绿地形态复杂度明显高于中温区和低温区。

绿地边界形态的复杂度，从某种程度上能够反映出人类活动的干扰强度。通过不同时间不同温区内的边界维的变化，能够分析并佐证人类对城市及绿地相关建设活动的时间节点、空间范围及建设强度。通过周长—尺度模型的边界维估算，明显可见大连市在2014年对低温区绿地进行了较强的干扰活动，在2016年对高温区的绿地进行了较强的干扰活动，在2019年对高温区的绿地进行高强度治理并产生了良好的效果。

6.2.2.2 采用周长—面积模型估算各温度区绿地边界维

采用周长—面积模型估算大连市2007~2019年各温度区绿地边界维，回归范围均为全部点列，以周长和面积为横纵坐标构建的ln-ln双对数图，如图6-14~图6-16所示。

采用周长—面积模型估算的各温度区边界维双对数图中，全部具有明显的分形特征，拟合优度在0.9830~1之间，回归范围均为全部点列，不需要检验标度区范围。从拟合优度的变化和线性趋势来看，2014年的低温和2016年的高温区拟合效果稍差，这和采用周长—尺度模型估算的各温区度边界维的拟合效果一致。从拟合优度能判断出，这两期绿地的发展质量不高。其他年份各温度

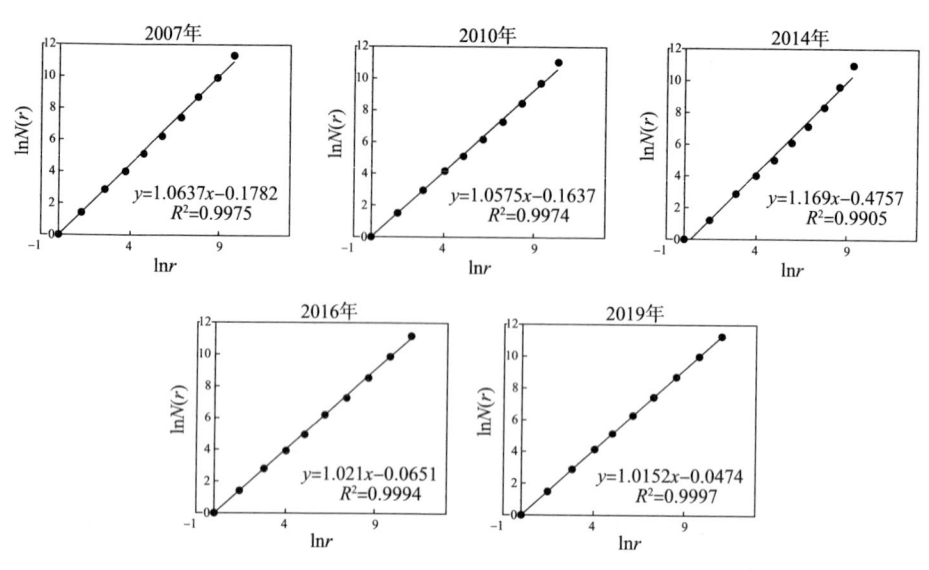

图6-14　采用周长—面积模型估算的大连市2007~2019年低温区绿地边界维双对数图

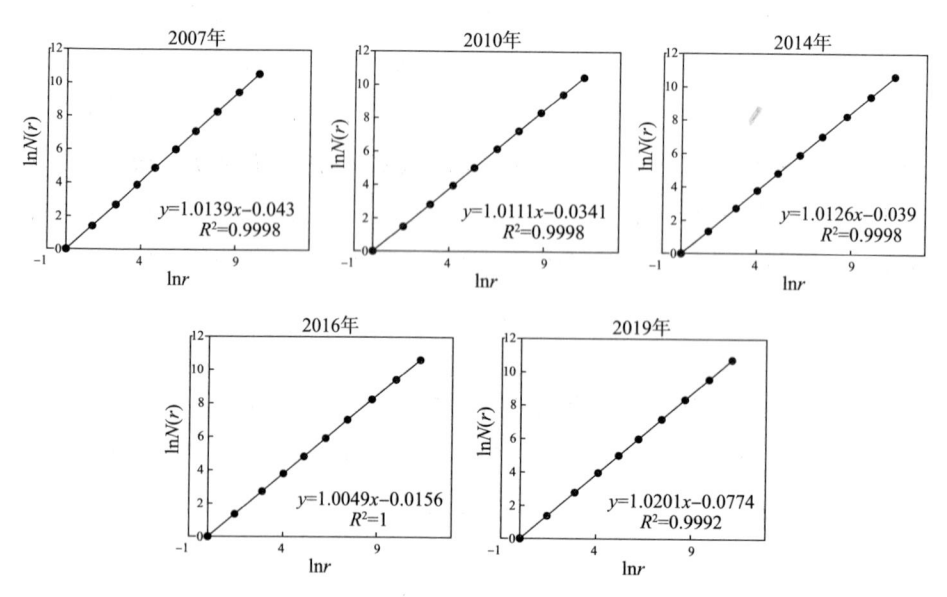

图6-15　采用周长—面积模型估算的大连市2007~2019年中温区绿地边界维双对数图

区均表现出较好的拟合效果，其中2016年的中温区、2007年和2019年的高温区完美拟合，拟合优度$R^2=1$，这说明这三期绿地发展质量很高。通过拟合优度、标准误差、误差范围等参数的计算进行分形维数的置信陈述见表6-5，边界维的分维结果，如图6-17所示。

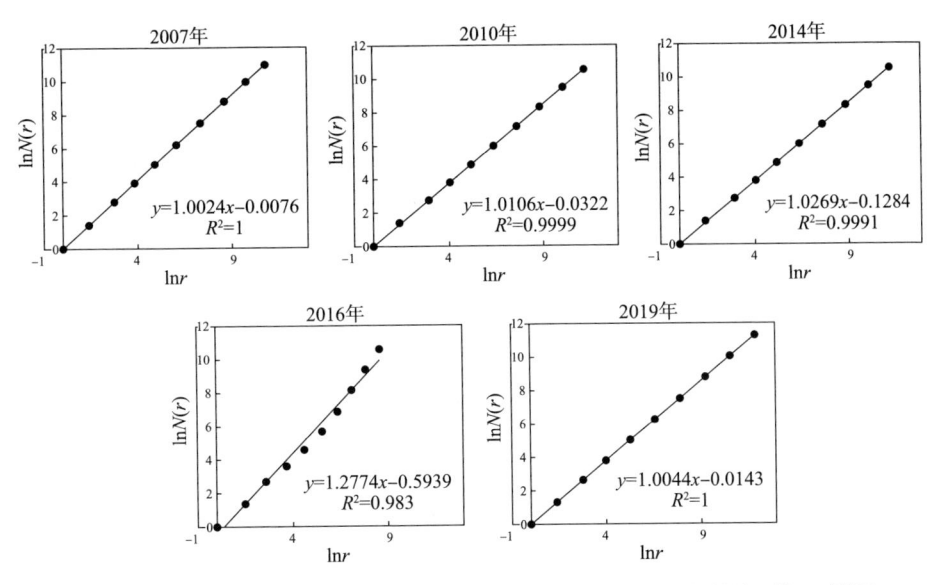

图6-16 采用周长—面积模型估算的大连市2007~2019年高温区绿地边界维双对数图

表6-5 采用周长—面积模型估算的大连市2007~2019年各温度区内绿地边界维分维结果及置信陈述

温度区	时间	分维 D	拟合优度 R^2	标准误差 δ	误差范围
低温区	2007	1.8802	0.9975	0.0767	1.8034~1.9569
	2010	1.8913	0.9974	0.0787	1.8125~1.9699
	2014	1.7109	0.9905	0.1366	1.5742~1.8474
	2016	1.9589	0.9994	0.0391	1.9197~1.9979
	2019	1.9701	0.9997	0.0278	1.9422~1.9978
中温区	2007	1.9726	0.9998	0.0227	1.9498~1.9953
	2010	1.9780	0.9998	0.0228	1.9552~2.0008
	2014	1.9751	0.9998	0.0227	1.9523~1.9978
	2016	1.9902	1	0	1.9902~1.9902
	2019	1.9606	0.9992	0.0452	1.9153~2.0058
高温区	2007	1.9952	1	0	1.9952~1.9952
	2010	1.9790	0.9999	0.0161	1.9628~1.9951
	2014	1.9476	0.9991	0.0476	1.8999~1.9952
	2016	1.5657	0.9830	0.1678	1.3978~1.7335
	2019	1.9912	1	0	1.9912~1.9912

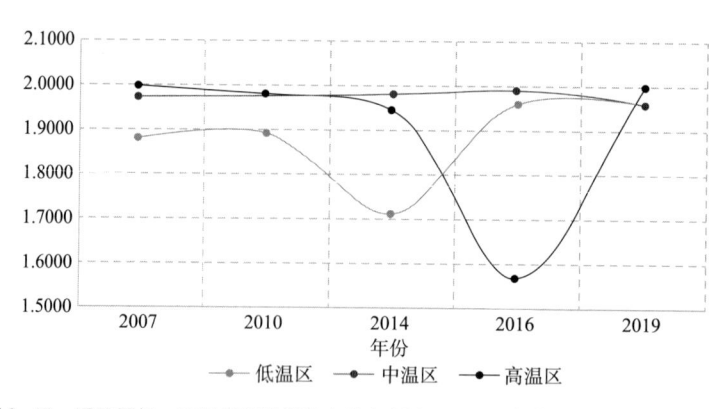

图6-17　采用周长—面积模型估算的大连市2007～2019年各温度区绿地边界维数

分维结果显示：

（1）采用周长—面积模型估算的大连市2007～2019年各温度区边界维分维结果为1.5657～1.9952，高于采用同样模型估算的城市绿地系统整体的边界维。

（2）周长—面积模型代表了绿地结构的破碎度和不稳定性，边界维测算结果D值均高于1.5且接近2，说明各温度区内绿地结构比随机分布的状态更为复杂。低温区绿地的边界维为1.7109～1.9701，绿地结构破碎度排序为2019年＞2016年＞2010年＞2007年＞2014年；中温区绿地的边界维为1.9606～1.9902，绿地结构破碎度排序为2016年＞2010年＞2014年＞2007年＞2019年；高温区绿地的边界维为1.5657～1.9952，绿地结构破碎度排序为2007年＞2019年＞2010年＞2014年＞2016年。

（3）从时间演变趋势来看，中温区在2007～2019年的12年间绿地破碎度变化平稳，低温区和高温区波动较大，这和采用周长—尺度模型尺度估算的边界维变化趋势一致。2007年、2010年、2019年各温度区之间绿地边界维相差不大，绿地破碎程度整体波动不大。2014年、2016年两期绿地各温度区绿地边界维相差较大，2014年低温区绿地结构破碎度明显低于中温区和高温区，2016年高温区绿地结构破碎度明显低于中温区和低温区。中温区在2007～2019年的12年间绿地形态复杂度变化平稳，低温区和高温区波动较大。

利用SPSS软件对两种模型下的各温度区绿地边界维值进行相关性测算，结果显示二者在0.01水平上显著负相关，见表6-6。这说明在人类活动干扰的过程中，绿地斑块总体的边界形态复杂度越高，绿地结构的破碎程度就越低，绿地结构的稳定性就越高。发现了这个规律以后，用同样方法测算了城市绿地系统以及各级、各类绿地，城市绿地系统两种边界维值同样显示出显著负相关，而各级、各类绿地的两种边界维并未表现出相关性。如果把城市绿地系统看成一个大系统，那么各温度区内的绿地就可看成子系统，从这个角度出发两种边界维的负相关性即存在于绿地系统性的结构中。

表6-6 采用两种模型估算的边界维相关性结果

分维模型	相关性分析方法	边界维 周长—面积模型	边界维 周长—尺度模型
边界维 周长—尺度模型	皮尔逊相关性	1	−0.969**
	显著性（双尾）	—	0.000
	个案数	15	15
边界维 周长—面积模型	皮尔逊相关性	−0.969**	1
	显著性（双尾）	0.000	—
	个案数	15	15

注 **在0.01水平（双侧）上显著相关。

6.2.3 半径维估算

半径维表征城市绿地密度从中心向外围递减的速率，即反映了城市绿地空间分布中心化的程度。当半径维数$D>2$时，城市绿地密度由城市中心区向边缘区之间递增，即绿地空间分布的边缘化程度高；当$D=2$时，城市绿地密度不存在变化；当$D<2$时，城市绿地密度由城市中心区向边缘区之间递减，即绿地空间分布中心化的程度高。半径维数测算的关键之一，在于城市中心位置的选择。因此，半径维通常用来考量绿地系统整体的空间分布结构。也就是说，半径维面向城市尺度的测算是更有科学和实践意义。从城市热环境改善的实际需求来说，高温区是需要治理的重点区域。综合实验科学性和研究现实意义两方面原因，本节中只对高温区进行绿地半径维的估算。

为避免高温区中零星散布的小斑块对分维结果的影响，5期数据中都选择最大的高温斑块作为研究范围。由于5期高温区的范围和位置都有所差异，选择以高温区内绿地斑块重心为中心，算数尺度的研究方案。最小半径依据高温区的范围和中心进行确定，目标是达到最佳覆盖并且数据点列不低于10。

大连市2007~2019年高温区半径维双对数图，如图6-18所示，图中列出了五期高温区绿地经过多次拟合后标度区范围内的双对数图。

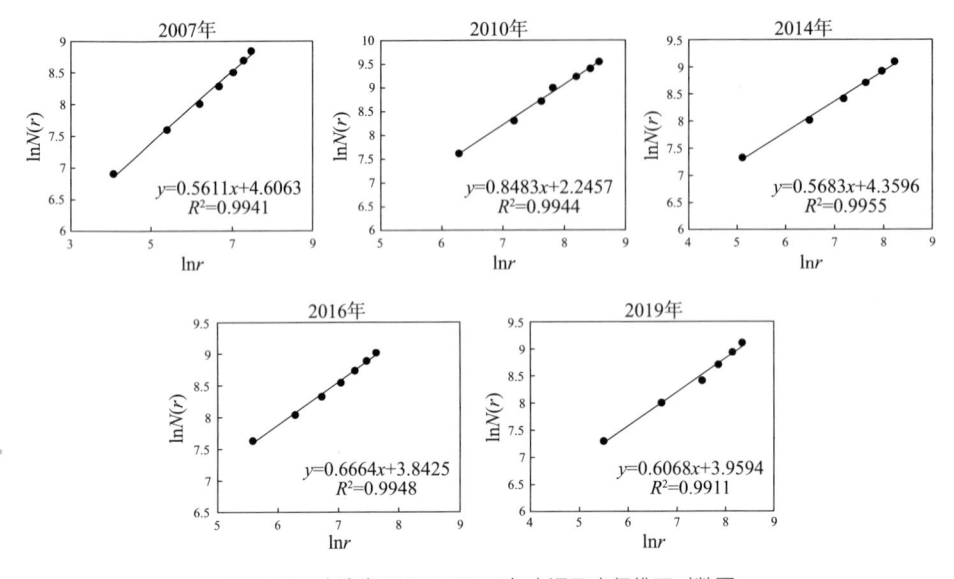

图6-18 大连市2007~2019年高温区半径维双对数图

经过多次拟合，大连市2007~2019年高温区半径维线性趋势明显，回归点列为6~7对，拟合优度在0.99以上，具有明显的分形特征。通过拟合优度、标准误差、误差范围等参数的计算进行半径维分形维数的置信陈述，分形结果见表6-7。

表6-7 大连市2007~2019年高温区绿地半径维分维结果及置信陈述

时间	标度区范围	分维 D	拟合优度 R^2	标准误差 δ	误差范围
2007	0~7000m	0.5611	0.9941	0.0152	0.5258~0.5963
2010	0~14000m	0.8483	0.9944	0.0225	0.7963~0.9002
2014	0~9000m	0.5683	0.9955	0.0135	0.5371~0.5994
2016	2000~8000m	0.6664	0.9948	0.0170	0.6271~0.7056
2019	0~9000m	0.6068	0.9911	0.0203	0.5599~0.6536

半径维分维结果表明：

（1）大连市2007~2019年高温区绿地分维结果为0.5611~0.8483，在95%的水平上具有良好的置信度，高于城市绿地系统整体的半径维数。

（2）半径维数均小于2说明城市绿地从中心向外围递减的速率快，绿地集中分布在中心区域的空间结构明显。2007~2019年高温区半径维数演变轨迹为，先大幅度增大再大幅度减小，最后稳定在0.6左右，呈现出"N"字形的发展曲线，说明高温区的绿地空间分布结构经历了复杂的演变过程。

（3）标度区的数量和范围具有特征意义。大连市2007~2019高温区五期绿地半径维分维结果都只具有一个标度区，说明高温区内的绿地结构并不复杂，只显现出围绕中心集聚的特征。标度区范围代表了绿地相对理想的空间结构范围。大连市2007~2019年高温区内五期绿地标度区范围演化趋势，表现出先增大后减少的特征。从2007年7000m增加到2010年14000m，2014~2019年逐渐稳定到9000m左右。大连市高温区绿地有序布局的空间范围经历12年的演化后稳定在9000m左右，而半径9000m的空间范围基本占到了高温区空间范围的一半，这也预示着还有一半空间范围内的绿地有很大改善的空间。

6.3 绿地分形与地表温度的相关性分析

6.3.1 网格维对地表温度的影响

研究采用SPSS软件对各温度区内的网格维与平均地表温度进行皮尔逊相关性分析。首先将网格维指标与平均地表温度指标统计到表6-8中，计算相关性结果见表6-9。

表6-8　大连市2007～2019年各温度区内网格维及平均地表温度统计

时间	低温区		中温区		高温区	
	网格维	地表温度/℃	网格维	地表温度/℃	网格维	地表温度/℃
2007	0.5959	29.3270	0.6067	33.7084	0.5743	36.3816
2010	0.615	32.0113	0.6113	34.4412	0.6005	36.3185
2014	0.6099	30.7591	0.6038	32.5569	0.5879	35.0004
2016	0.598	29.2138	0.5972	31.4693	0.6068	33.4102
2019	0.6047	30.1992	0.6028	33.1003	0.5605	36.6760

表6-9　大连市2007～2019年各温度区内网格维与地表温度相关性结果

分维模型	参数	低温区	中温区	高温区
网格维	皮尔逊相关性	0.977**	0.968**	−0.706
	显著性（双尾）	0.004	0.007	0.183
	个案数	5	5	5

注　**在0.01水平（双侧）上显著相关。

相关性结果显示，低温区和中温区内网格维与地表温度在99%的水平上显著正相关，低温区的相关性要高于中温区的相关性，高温区没有显示相关性。网格维代表了绿地结构的均衡度，这意味着在低温区和中温区内，绿地的均衡度越高，地表温度就越高，绿地的降温作用越差。相反，绿地的均衡度越低，即绿地集中分布的程度越高，地表温度越低，绿地的降温效果越好。Versini P A 等[222]的研究结果"绿地面积越大降温效果越明显，但在达到一定面积后降温效果不再增大"，只反映了绿地面积自身指标与降温作用的关系，本书进一步发现了绿地面积的结构性指标（网格维）与降温作用的关系，并且这种关系在不同温度区内有不同的结论。

大连市高温区分布在城市建设强度高的中心区域，绿地类型以人工绿地为主。低温区分布在城市外围的丘陵地带，因海拔等因素不利于城市建设，绿地类型为大面积的自然林地。中温区分布在高温区与低温区之间，是大连市未来空间拓展的主要区域，大面积土地等待开发建设，绿地类型以自然绿地为主，人工型绿地为辅。网格维与热环境相关性表现在低温区和中温区，且低温区的相关性高于中温区的相关性，很大可能是低温区、中温区中大面积的自然绿地（本书5.1章节中所述的"其他绿地"）的集中分布降低了地表温度所致。大连市外围地带成片的自然绿地对研究区整体的降温效应起到了关键作用，应加以维护，严控绿地的数量和质量。

6.3.2　边界维对地表温度的影响

研究采用SPSS软件对各温度区内两种模型估算的边界维与平均地表温度进行皮尔逊相关性分析。首先将两种边界维指标与平均地表温度指标统计到表6-10中，然后计算相关性结果见表6-11。

表6-10　大连市2007～2019年各温度区内采用两种模型估算的边界维及平均地表温度统计

边界维模型	时间	低温区		中温区		高温区	
		分维值	地表温度/℃	分维值	地表温度/℃	分维值	地表温度/℃
周长—尺度模型	2007	0.6639	29.3271	0.6152	33.7085	0.5757	36.3816
	2010	0.6506	32.0114	0.6180	34.4413	0.6068	36.3185
	2014	0.7130	30.7591	0.6115	32.5570	0.6039	35.0005
	2016	0.6108	29.2139	0.6001	31.4694	0.7786	33.4102
	2019	0.6141	30.1992	0.6152	33.1004	0.5629	36.6760
周长—面积模型	2007	1.8802	29.3271	1.9726	33.7085	1.9952	36.3816
	2010	1.8913	32.0114	1.9780	34.4413	1.9790	36.3185
	2014	1.7109	30.7591	1.9751	32.5570	1.9476	35.0005
	2016	1.9589	29.2139	1.9902	31.4694	1.5657	33.4102
	2019	1.9701	30.1992	1.9606	33.1004	1.9912	36.6760

表6-11 大连市2007～2019年各温度区内采用两种模型估算的边界维及平均地表温度相关性结果

分维模型	参数	低温区	中温区	高温区
边界维 周长—尺度模型	皮尔逊相关性	0.326	0.932*	−0.926*
	显著性（双尾）	0.592	0.021	0.024
	个案数	5	5	5
边界维 周长—面积模型	皮尔逊相关性	−0.322	−0.461	0.922*
	显著性（双尾）	0.597	0.434	0.026
	个案数	5	5	5

注　*在0.05水平（双侧）上显著相关。

相关性结果显示：

（1）周长—尺度模型估算的边界维与地表温度的相关性结果，只在中温区和高温区显示了95%水平上的相关性。周长—尺度模型估算的边界维代表了绿地边界形态的复杂度。中温区中，绿地边界形态的复杂度与地表温度呈显著的正相关性，代表了绿地边界形态复杂度越高，地表温度越高，绿地的降温效果越差。产生这种现象的原因，可能是中温区中绿地类型主要为自然绿地，而边界形态的复杂度越高，说明人类对自然绿地的干扰越严重，从而使得绿地发挥降温作用的效果越差。这和程好好等[223]"人工绿地的降温效应低于自然绿地"的研究结论较为一致。高温区中绿地边界形态的复杂度与地表温度呈显著的负相关，代表了绿地边界形态复杂度越高，地表温度越低，绿地的降温效果越好。高温区内绿地类型为人工型绿地，人工型绿地边界形态越复杂与城市环境的接触面积越大，对城市地表的降温作用越明显。陈彦光等[224]通过公式推导证实了"形状指数"与"周长—尺度模型估算的边界维"在数学意义上的一致性。因此高温区的研究结果和雷江丽等[225]"形状指数与降温效应成正相关"的结论较为一致。本书的不同之处在于，发现了绿地降温效应在不同的温度区内存在巨大的差异。

（2）周长—面积模型估算的边界维与地表温度的相关性，只在高温区上显示95%水平的显著正相关。周长—面积模型估算的边界维代表了绿地结构的破碎度，即在城市高温区中，绿地结构的破碎度越高城市热环境现象越明显，绿地发挥的降温效应越低。高温区与中温区整体的绿地破碎度相差不大，而相关性却只表现在高温区，说明绿地结构破碎度指标对热环境的影响只存在于大面积的人工型绿地中。从而说明了，在城市高密度发展的区域，降低人工型绿地的破碎度能够显著提高绿地的降温效应。

6.3.3　半径维对地表温度的影响

研究采用SPSS软件对高温区内半径维与平均地表温度进行皮尔逊相关性分析。首先将高温区半径维指标与平均地表温度指标统计到表6-12中，然后计算相关性结果见表6-13。

表6-12　大连市2007～2019年高温区半径维及平均地表温度统计

时间	2019	2016	2014	2010	2007
半径维数	0.6068	0.6664	0.5683	0.8438	0.5611
地表温度（℃）	36.1640	33.7801	35.2959	32.0876	36.2133

表6-13　大连市2007～2019年高温区半径维及平均地表温度相关性结果

分维模型	参数	高温区
半径维	皮尔逊相关性	−0.934*
	显著性（双尾）	0.020
	个案数	5

注　*在0.05水平（双侧）上显著相关。

相关性结果显示：半径维与地表温度的在高温区呈现95%水平上的负相关性。半径维的地理含义为绿地密度从中心向外围递减的速率，也就意味着绿地空间分布的中心化程度越高，地表温度越低，绿地发挥的降温效应越大。因此，在高温区中，围绕着中心将绿地斑块集中布局是缓解热环境的有效途径。

6.4　本章小结

本章的主要内容为：

（1）通过Landsat数据和大气校正法对大连市2007~2019年间的地表温度进行提取，分析了城市地表温度及温度区的演化特征。

（2）基于高分影像数据提取了各温度区内的绿地信息，采用三种分形模型进行绿地分维测算，分析大连市2007~2019年间各温度区绿地分形的演化特征。

（3）对大连市2007~2019年间绿地分形与地表温度的相关性进行研究，分析了网格维、边界维、半径维在各温度区内对地表温度的影响，从而提出了绿地分形的热环境效应机制。

重要研究结果如下：

（1）绿地分形与地表温度的相关性存在尺度效应，尺度直接影响了研究的科学性、准确性，是研究的重要前提。本章以两种遥感数据和"温度区"作为研究尺度的合理性在于：地表温度的表征指标具有科学性，绿地分形的计算结果具有代表性，温度区的分区讨论有利于深入挖掘绿地分形及热环境的相互作用机制，更具现实意义。

（2）大连市地表温度2007年、2014年、2016年具有相似的空间格局，呈现出"西低东高"的空间格局特征。2010年、2019年具有相似的空间格局，呈现出"南低北高"的空间格局特征。高温区、中温区、低温区的空间范围，在5期数据中具有相似的空间形态，高温区呈现"团状+点状"集中分布在研究区中心，中温区以"环带状"散布在高、低温区之间，低温区以"团状+环状"集中分布在研究区外围。

（3）大连市2007~2019年各温度区绿地网格维分维结果为0.5605~0.615。低温区、中温区有较为相似的演变趋势，绿地网格维呈"S"形曲线演变。高温区绿地网格维演变趋势更为复杂，呈"M"形状。从时间节点来看，2010年各温度区绿地网格维最高，2016年各温度区绿地网格维差异最小。采用周长—尺度模型估算的大连市2007~2019年各温度区边界维分维结果为0.5701~0.7786。中温区在2007~2019年的12年间绿地形态复杂度变化平稳，低温区和高温区波动较大。大连市在2014年对低温区绿地进行了较强的干扰活动，在2016年对高温区的绿地进行了较强的干扰活动，在2019年对高温区的绿地进行高强度治理并产生了良好的效果。采用周长—面积模型估算的大连市2007~2019年各温度区边界维分维结果为1.5657~1.9952。中温区在2007~2019年的12年间绿地破碎度变化平稳，低温区和高温区波动较大。利用SPSS软件对两种模型下的各温度区绿地边界维值进行相关性测算，结果显示，二者在0.01水平上显著负相关，两种边界维的负相关性仅存在于绿地系统性的结构中。大连市2007~2019年高温区绿地半径维分维结果为0.5611~0.8483。2007~2019年高温区半径维数演变轨迹为，先大幅度增大再大幅度减小，最后稳定到0.6左右，呈现出"N"字形的发展曲线，说明高温区的绿地密度的空间分布结构经历了复杂的演变过程。大连市高温区绿地有序布局的空间范围经历12年的演化后稳定在9000m左右，而半径9000m的空间范围基本占到了高温区空间范围的一半，这也预示着还有一半空间范围内的绿地有很大改善的空间。

（4）网格维与热环境相关性表现在低温区和中温区，且低温区的相关性高于中温区的相关性。大连市外围地带成片的自然绿地对研究区整体的降温效应起到了关键作用，应加以维护，严控绿地的数量和质量。中温区中绿地边界形态的复杂度与地表温度呈显著的正相关性。人类对自然绿地的干扰越严重，从而使得绿地发挥降温作用的效果越差。高温区中绿地边界形态的复杂度与地表温度呈显著的负相关。高温区内绿地类型为人工型绿地，人工型绿地边界形态越复杂与城市环境的接触面积越大，对城市地表的降温作用越明显。高温区中，绿地结构的破碎度越高城市热环境现象越明显，绿地发挥的降温效应越低。绿地结构破碎度指标对热环境的影响只存在于大面积的人工型绿地中。在城市高密度发展的区域，降低人工型绿地的破碎度能够显著提高绿地的降温效应。半径维与地表温度在高温区呈现显著负相关性，意味着绿地空间分布的中心化程度越高，地表温度越低，绿地发挥的降温效应越大。因此，在高温区中，围绕着区域中心将绿地集中布局是缓解热环境的有效途径。

7

城市绿地分形与热环境的空间异质性

本书第6章已经证实绿地分形是热环境的重要影响因素之一，二者的相关性存在尺度效应，并且在不同空间范围和绿地类型中存在复杂的相互作用关系。本章从城市绿地发展建设和热环境改善的实际需求出发，采用国土规划中的"控规管理单元"，即"街区"为研究尺度，讨论绿地分形与热环境的空间异质性，从而为绿地高质量发展和针对性治理提供依据。

街区尺度下，各街区管理单元面积相当，在研究区内整体呈现均匀分布的格网。在格网空间内讨论绿地空间分布的中心化程度（半径维）不具有实际意义，因此本章只采用网格维、边界维两种模型测算绿地分形，并分析其热环境效应。本章的具体研究思路为：

（1）在街区尺度下进行大连市2019年的热环境指标测算和绿地分维估算，以地表温度平均值表征热环境指标，以网格维、边界维两种模型对绿地分形进行估算。

（2）通过空间自回归模型，对街区尺度下绿地分形与热环境的空间相关性进行分析，探索街区尺度下绿地分形指标对地表温度的影响机制。为了摸清绿地结构性指标与绿地自身特征指标对热环境影响程度的差异，引入绿地面积、绿地周长两种指标进行对比分析。

（3）通过对不一致性指数模型进行改进，用于分析绿地分形与热环境的空间异质性，从而探索街区尺度下绿地发展质量的空间差异。

7.1 街区尺度地表温度与绿地分维估算

为便于统计街区尺度下城市绿地分形指标与城市热环境指标，对大连市78个街区管理单元进行编号处理，分别以0~77的数字代称街区名称。

7.1.1 街区尺度下地表温度空间格局

对78个街区进行热环境指标统计，利用ArcGIS软件的空间连接工具，统计各街区内的地表温度平均值。2019年，大连市平均地表温度在空间分布上存在明显的空间差异，地表温度整体上呈现出由低纬度沿海地区向高纬度内陆地区逐渐增加的趋势，以及"中部区域高，四周区域低"的空间分布结构。高温区域在大连市中部地区形成连片集聚的分布格局。大连市各街区管理单元平均地表温度在29.72~32.97℃和35.46~36.90℃区间的街区管理单元数量最多，均占总街区管理单元数量的24.36%。大连市街区管理单元地表温度最高为39.37℃，地表温度最低为28.04℃，地表温度平均值为34.25℃，其中，共有47个街区管理单元地表温度高于大连市主城区平均地表温度34.25℃，占总街区管理单元数量的60.26%，在一定程度上说明大连市街区管理单元地表温度相对较高，城市热环境效应明显。

定量分析大连市各个街区管理单元地表温度的空间分布状况，采用自然间断裂法将地表温度分为高温区、亚高温区、中温区、亚低温区、低温区5个等级，计算各级地表温度占总街区管理单元的比重。28.04~29.72℃（低温区）的街区管理单元占比为11.54%；29.72~32.97℃（亚低温区）的街区管理单元占比为24.36%；32.97~35.46℃（中温区）的街区管理单元占比为20.51%；35.46~36.90℃（亚高温区）的街区管理单元占比为24.36%；36.90~39.37℃（高温区）的街区管理单元占比为19.23%。大连市78个街区管理单元地表温度以亚高温区、亚低温区为主，中温区次之。整体而言，各级地表温度数量占比较为均匀。

除此之外，从大连市78个街区管理单元的地表温度空间分布格局来看，地表温度较高的区域主要集中分布在大连市边缘区域——甘井子区，形成与城市的热岛效应相反的空间布局。产生差异的原因，一是由于本书以地表温度表征城市热环境指标，这与街区内的空气温度之间存在一定差异。二是城镇化的发展使得城市土地利用不断迭代，城市中心区的工业企业逐渐搬迁至城市边缘区，而工业生产等活动产生的热量直接导致地表温度升高。三是城市边缘区绿地发展较不成熟，大连市绿地系统建设重点面向了核心区域的绿地海洋资源，边缘

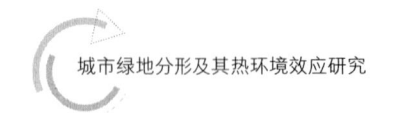

区的绿地发展质量较低，绿地缓解热环境的效应尚不明显。

7.1.2 绿地分维估算及空间格局

7.1.2.1 网格维估算

对 2019 年 78 个街区绿地进行提取，采用网格维模型进行分维估算。大连市绿地网格维数在空间分布上呈现出以 34、72 号街区管理单元为核心的"双核心"空间分布结构。大连市绿地网格维数局部差异显著，其数值为 0.5172~0.5330 的街区管理单元有 13 个，数值为 0.5330~0.5477 的街区管理单元有 17 个，数值为 0.5477~0.5659 的街区管理单元有 28 个；在 0.5659~0.6017 的街区管理单元有 18 个；在 0.6017~0.6548 的街区管理单元有 2 个。这在一定程度上说明大连市绿地网格维数具有整体非均衡性特征。

网格维分维结果及置信陈述，见表 7-1。大连市 78 个街区管理单元绿地网格维数为 0.5172~0.6548，其拟合的 R^2 均大于 0.996，说明街区尺度下的绿地网格维分形特征明显。网格维数代表了绿地空间结构的均衡度，网格维最高的街区管理单元是 34 号，其网格维数为 0.6548，说明该街区绿地均衡度最高。

表 7-1 大连市 78 个街区管理单元绿地网格维分维结果及置信陈述

街区编号	分维数 D	拟合优度 R^2	标准误差 δ	误差范围	街区编号	分维数 D	拟合优度 R^2	标准误差 δ	误差范围
0	0.5494	0.9998	0.0027	0.547~0.552	9	0.5388	0.9999	0.0019	0.537~0.541
1	0.5247	0.9999	0.0019	0.523~0.527	10	0.5286	0.9999	0.0019	0.527~0.530
2	0.5427	0.9997	0.0033	0.539~0.546	11	0.5600	0.9992	0.0056	0.554~0.566
3	0.5409	0.9999	0.0019	0.539~0.543	12	0.5382	0.9996	0.0038	0.534-0.542
4	0.5469	0.9992	0.0055	0.541~0.552	13	0.5324	0.9998	0.0027	0.530~0.535
5	0.5593	0.9996	0.0040	0.555~0.563	14	0.5318	0.9999	0.0019	0.530~0.534
6	0.5678	0.9998	0.0028	0.565~0.571	15	0.5688	0.9979	0.0092	0.560~0.578
7	0.5497	0.9998	0.0027	0.543~0.556	16	0.5392	0.9999	0.0019	0.537~0.541
8	0.5414	0.9995	0.0043	0.537~0.546	17	0.5493	0.9994	0.0048	0.545~0.554

续表

街区编号	分维数 D	拟合优度 R^2	标准误差 δ	误差范围	街区编号	分维数 D	拟合优度 R^2	标准误差 δ	误差范围
18	0.5399	0.9999	0.0019	0.535~0.544	44	0.5374	0.9998	0.0027	0.535~0.540
19	0.5349	0.9999	0.0019	0.533~0.537	45	0.5464	0.9998	0.0027	0.544~0.549
20	0.5617	0.9989	0.0066	0.555~0.568	46	0.5382	0.9991	0.0057	0.532~0.544
21	0.5851	0.9992	0.0059	0.579~0.591	47	0.5699	0.9992	0.0057	0.564~0.576
22	0.5191	1	0.0000	0.519	48	0.5556	0.9995	0.0044	0.551~0.560
23	0.5172	1	0.0000	0.517	49	0.5299	0.9999	0.0019	0.528~0.532
24	0.5364	0.9998	0.0027	0.534~0.539	50	0.5453	0.9996	0.0039	0.541~0.549
25	0.5522	0.9991	0.0059	0.546~0.558	51	0.5476	0.9999	0.0019	0.546~0.549
26	0.5843	0.9961	0.0129	0.571~0.597	52	0.5487	0.9998	0.0027	0.546~0.551
27	0.5777	0.9993	0.0054	0.572~0.583	53	0.5370	0.9997	0.0033	0.534~0.540
28	0.5559	0.9997	0.0034	0.552~0.559	54	0.5749	0.9996	0.0041	0.571~0.579
29	0.5487	0.9985	0.0075	0.541~0.556	55	0.5781	0.9997	0.0035	0.575~0.582
30	0.5879	0.9996	0.0042	0.584~0.592	56	0.5283	0.9996	0.0037	0.525~0.532
31	0.565	0.9981	0.0087	0.556~0.574	57	0.5260	0.9999	0.0019	0.524~0.528
32	0.554	0.9999	0.0020	0.552~0.556	58	0.5300	0.9999	0.0019	0.528~0.532
33	0.5573	0.9994	0.0048	0.552~0.562	59	0.5423	0.9986	0.0072	0.535~0.549
34	0.6548	0.9974	0.0118	0643~0.667	60	0.5301	0.9998	0.0027	0.527~0.533
35	0.5487	0.9999	0.0019	0.547~0.551	61	0.5712	0.9993	0.0053	0.566~0.577
36	0.5509	0.9987	0.0070	0.544~0.558	62	0.5861	0.9979	0.0095	0.564~0.608
37	0.5556	0.9995	0.0044	0.551~0.560	63	0.5854	0.9996	0.0041	0.581~0.590
38	0.5841	0.9979	0.0095	0.575~0.594	64	0.5247	0.9999	0.0019	0.523~0.527
39	0.5681	0.9993	0.0053	0.563~0.573	65	0.5652	0.9997	0.0035	0.552~0.569
40	0.5659	0.9996	0.0040	0.557~0.575	66	0.5434	0.9995	0.0043	0.539~0.548
41	0.5477	0.9997	0.0034	0.544~0.551	67	0.6017	0.9995	0.0048	0.597~0.606
42	0.5616	0.9976	0.0097	0.552~0.571	68	0.5343	0.9998	0.0027	0.532~0.537
43	0.5447	0.9984	0.0077	0.537-0.552	69	0.5330	0.9999	0.0019	0.531~0.535

续表

街区编号	分维数 D	拟合优度 R^2	标准误差 δ	误差范围	街区编号	分维数 D	拟合优度 R^2	标准误差 δ	误差范围
70	0.5714	0.9993	0.0053	0.566～0.577	74	0.5933	0.9988	0.0073	0.586～0.601
71	0.5753	0.9996	0.0041	0.571～0.579	75	0.5499	0.9999	0.0019	0.548～0.552
72	0.6163	0.9984	0.0087	0.608～0.625	76	0.5591	0.9986	0.0074	0.552～0.567
73	0.5575	0.9996	0.0039	0.554～0.562	77	0.5405	0.9999	0.0019	0.539～0.542

7.1.2.2 周长—尺度模型的边界维估算

采用周长—尺度模型对大连市2019年街区尺度的绿地边界维进行估算，将分维结果以自然间断裂法分为5类。大连市基于周长—尺度模型测算的2019年绿地边界维数在空间上呈现出多核心的空间分布格局，空间差异性特征明显。大连市有8个街区管理单元的绿地边界维数值为0.5493～0.5625，18个街区管理单元数值为0.5625～0.5794，24个街区管理单元数值为0.5794～0.5960，25个街区管理单元数值为0.5960～0.6209，3个街区管理单元数值为0.6209～0.6628，说明大连市绿地边界形态的复杂程度主要集中于0.5960～0.6209区间范围内。

基于周长—尺度模型估算的大连市2019年绿地边界维分维结果与置信，见表7-2。总体分维数为0.5493～0.6628，数值最高位于34号街区管理单元，为0.6628。周长—尺度模型代表了绿地边界形态的复杂度，说明34号街区管理单元内绿地形态最为复杂，而34号街区在网格维中也出现了最高值的特性，值得格外关注。

表7-2 大连市2019年78个街区绿地采用周长—尺度模型估算的边界维分维结果及置信陈述

街区编号	分维数 D	拟合优度 R^2	标准误差 δ	误差范围	街区编号	分维数 D	拟合优度 R^2	标准误差 δ	误差范围
0	0.5663	0.9991	0.0060	0.552～0.581	4	0.5605	0.9971	0.0107	0.536～0.585
1	0.6127	0.9922	0.0192	0.568～0.657	5	0.5703	0.9986	0.0075	0.553～0.588
2	0.6209	0.9953	0.0151	0.586～0.656	6	0.5927	0.999	0.0066	0.577～0.608
3	0.5809	0.9966	0.0120	0.553～0.609	7	0.6055	0.9967	0.0123	0.577～0.634

续表

街区编号	分维数 D	拟合优度 R^2	标准误差 δ	误差范围	街区编号	分维数 D	拟合优度 R^2	标准误差 δ	误差范围
8	0.6469	0.9964	0.0137	0.615~0.679	34	0.6628	0.9959	0.0150	0.628~0.697
9	0.5902	0.9964	0.0125	0.561~0.619	35	0.5879	0.9969	0.0116	0.561~0.615
10	0.5983	0.9947	0.0154	0.563~0.634	36	0.5650	0.9961	0.0125	0.536~0.594
11	0.5753	0.9974	0.0104	0.551~0.599	37	0.5784	0.9968	0.0116	0.552~0.605
12	0.6031	0.9954	0.0145	0.569~0.636	38	0.6045	0.9941	0.0165	0.567~0.642
13	0.6021	0.9948	0.0154	0.567~0.638	39	0.5853	0.9970	0.0114	0.559~0.611
14	0.5832	0.9949	0.0148	0.549~0.617	40	0.5889	0.9968	0.0118	0.562~0.616
15	0.5832	0.9949	0.0148	0.549~0.617	41	0.6051	0.9932	0.0177	0.564~0.646
16	0.5899	0.9949	0.0149	0.555~0.624	42	0.5625	0.9961	0.0124	0.534~0.591
17	0.5794	0.9955	0.0138	0.548~0.611	43	0.5512	0.9971	0.0105	0.523~0.575
18	0.5699	0.9971	0.0109	0.545~0.595	44	0.5822	0.9956	0.0137	0.551~0.614
19	0.596	0.9936	0.0169	0.557~0.635	45	0.5760	0.9986	0.0076	0.558~0.594
20	0.5841	0.9949	0.0148	0.550~0.618	46	0.5534	0.9972	0.0104	0.529~0.577
21	0.602	0.9972	0.0113	0.576~0.628	47	0.6054	0.9938	0.0169	0.566~0.644
22	0.6042	0.9935	0.0173	0.564~0.644	48	0.5937	0.9964	0.0126	0.565~0.623
23	0.6159	0.9921	0.0194	0.571~0.661	49	0.6209	0.9912	0.0207	0.573~0.669
24	0.6056	0.9963	0.0130	0.575~0.636	50	0.6013	0.9977	0.0102	0.578~0.625
25	0.5559	0.9985	0.0076	0.538~0.573	51	0.5779	0.9986	0.0077	0.560~0.596
26	0.6013	0.9918	0.0193	0.557~0.646	52	0.5686	0.9986	0.0075	0.551~0.586
27	0.5885	0.9982	0.0088	0.568~0.609	53	0.5528	0.9887	0.0209	0.505~0.601
28	0.5845	0.9966	0.0121	0.557~0.612	54	0.5889	0.9995	0.0047	0.578~0.599
29	0.5672	0.9958	0.0130	0.537~0.597	55	0.6035	0.9986	0.0080	0.585~0.622
30	0.6178	0.9982	0.0093	0.596~0.639	56	0.5724	0.9983	0.0084	0.553~0.592
31	0.5817	0.9950	0.0146	0.548~0.615	57	0.5765	0.9971	0.0110	0.551~0.602
32	0.5863	0.9973	0.0108	0.561~0.611	58	0.5853	0.9969	0.0115	0.559~0.612
33	0.5869	0.9956	0.0138	0.555~0.619	59	0.5493	0.9974	0.0099	0.525~0.570

续表

街区编号	分维数 D	拟合优度 R^2	标准误差 δ	误差范围	街区编号	分维数 D	拟合优度 R^2	标准误差 δ	误差范围
60	0.5686	0.9986	0.0075	0.551~0.586	69	0.5641	0.9982	0.0085	0.545~0.584
61	0.5742	0.9989	0.0067	0.559~0.589	70	0.5916	0.9966	0.0122	0.563~0.619
62	0.6023	0.9949	0.0152	0.567~0.637	71	0.5994	0.9973	0.0110	0.574~0.625
63	0.6124	0.9969	0.0121	0.585~0.640	72	0.6343	0.9962	0.0139	0.602~0.666
64	0.5936	0.9942	0.0160	0.557~0.631	73	0.6078	0.9937	0.0171	0.568~0.647
65	0.5931	0.9968	0.0119	0.566~0.620	74	0.6202	0.9947	0.0160	0.583~0.657
66	0.5514	0.9987	0.0070	0.535~0.568	75	0.5958	0.9964	0.0127	0.567~0.625
67	0.6082	0.999	0.0068	0.593~0.624	76	0.5662	0.9990	0.0063	0.552~0.581
68	0.602	0.9961	0.0133	0.571~0.633	77	0.5755	0.9983	0.0084	0.556~0.595

7.1.2.3 周长—面积模型的边界维估算

采用周长—面积模型测算大连市2019年78个街区内绿地边界维，将分维结果以自然间断裂法分为5类。空间上呈现出以7、18、40、62号街区管理单元为中心的"多核心"空间分布结构，部分区域出现连片集中分布趋势。其中数值为1.6757~1.7894的街区管理单元数量有13个，数值为1.7894~1.8664的街区管理单元有13个，数值为1.8664~1.9326的街区管理单元有25个，数值为1.9326~2.0270的街区管理单元有23个，数值为2.0270~2.2097的街区管理单元有4个。

周长—面积模型估算的大连市2019年街区尺度的绿地边界维分维结果及置信陈述，见表7-3。78个街区整体边界维为1.6757~2.2097，其中40号、18号、62号、7号5个街区的边界维超过了2。通常情况下，对于城市分形来说周长—面积模型测算边界维结果为1~2，街区尺度下边界维超过了2是城市绿地系统分形中首次出现。周长—面积模型估算的边界维，代表了绿地结构的破碎度和不稳定性，这说明在街区尺度下绿地的结构更为复杂，不稳定性的问题更为突出。

表7-3 大连市2019年78个街区绿地采用周长—面积模型估算的边界维分维结果及置信陈述

街区编号	分维数 D	拟合优度 R^2	标准误差 δ	误差范围	街区编号	分维数 D	拟合优度 R^2	标准误差 δ	误差范围
0	1.940428835	0.9995	0.0153	1.905~1.976	24	1.772735331	0.9951	0.0440	1.671~1.874
1	1.713502399	0.9914	0.0564	1.583~1.844	25	1.998620952	0.9999	0.0071	1.982~2.015
2	1.750393839	0.9932	0.0512	1.632~1.868	26	1.940428835	0.9989	0.0228	1.888~1.993
3	1.924557352	0.9981	0.0297	1.856~1.993	27	1.962515945	0.9996	0.0139	1.931~1.995
4	2.026958549	0.9965	0.0425	1.929~2.125	28	1.900959985	0.9981	0.0293	1.833~1.969
5	1.927710843	0.9987	0.0246	1.871~1.984	29	1.93255387	0.9993	0.0181	1.891~1.974
6	1.751620249	0.9991	0.0186	1.701~1.794	30	1.903855307	0.9980	0.0301	1.834~1.973
7	2.209700586	0.9974	0.0399	2.118~2.302	31	1.94024059	0.9992	0.0194	1.895~1.985
8	1.675743611	0.9895	0.0610	1.535~1.816	32	1.889823302	0.9975	0.0334	1.812~1.967
9	1.826150475	0.9961	0.0404	1.733~1.919	33	1.897353192	0.9981	0.0293	1.829~1.965
10	1.767565179	0.9941	0.0481	1.657~1.879	34	1.974723539	0.9997	0.0121	1.947~2.003
11	1.945714564	0.9994	0.0169	1.907~1.985	35	1.866368048	0.9972	0.0350	1.786~1.947
12	1.786990708	0.9934	0.0515	1.668~1.906	36	1.948178453	0.9992	0.0195	1.902~1.993
13	1.769911504	0.9931	0.0522	1.649~1.890	37	1.919943524	0.9987	0.0000	1.863~1.976
14	1.823320266	0.9956	0.0429	1.724~1.922	38	1.930129319	0.9988	0.0237	1.876~1.985
15	1.946661476	0.9992	0.0195	1.902~1.992	39	1.93986421	0.9991	0.0206	1.892~1.987
16	1.82731841	0.9959	0.0415	1.732~1.923	40	2.085723225	0.9985	0.0286	2.019~2.152
17	1.894118761	0.9980	0.0300	1.825~1.963	41	1.808972504	0.9949	0.0458	1.703~1.915
18	2.116850127	0.9977	0.0359	2.034~2.199	42	1.995808802	0.9993	0.0187	1.953~2.039
19	1.794526694	0.9941	0.0489	1.682~1.907	43	1.975503753	0.9998	0.0099	1.953~1.998
20	1.921045049	0.9984	0.0272	1.858~1.984	44	1.845188671	0.9965	0.0387	1.756~1.934
21	1.942501943	0.9993	0.0182	1.901~1.984	45	1.897353192	0.9984	0.0269	1.835~1.959
22	1.789388924	0.9948	0.0457	1.684~1.895	46	1.943823501	0.9994	0.0168	1.905~1.983
23	1.773364072	0.9958	0.0407	1.679~1.867	47	1.880406168	0.9971	0.0359	1.797~1.963

续表

街区编号	分维数 D	拟合优度 R^2	标准误差 δ	误差范围	街区编号	分维数 D	拟合优度 R^2	标准误差 δ	误差范围
48	1.870382493	0.9984	0.0265	1.809~1.931	63	1.911132346	0.9983	0.0279	1.847~1.975
49	1.707358716	0.9905	0.0591	1.571~1.844	64	1.768502962	0.9934	0.0510	1.651~1.886
50	1.815376237	0.9913	0.0601	1.677~1.954	65	1.904761905	0.9981	0.0294	1.837~1.973
51	1.89483657	0.9988	0.0232	1.841~1.948	66	1.967535662	0.9998	0.0098	1.945~1.990
52	1.929570671	0.9992	0.0193	1.885~1.974	67	1.978630787	0.9999	0.0070	1.962~1.995
53	1.942313295	0.9996	0.0137	1.911~1.974	68	1.776198934	0.9950	0.0445	1.674~1.879
54	1.952362358	0.9996	0.0138	1.921~1.984	69	1.889287739	0.9986	0.0250	1.831~1.947
55	1.916075877	0.9986	0.0254	1.858~1.975	70	1.930501931	0.9988	0.0237	1.876~1.985
56	1.846381093	0.9982	0.0277	1.782~1.910	71	1.918465228	0.9988	0.0235	1.864~1.973
57	1.824651035	0.9974	0.0329	1.749~1.901	72	1.942124684	0.9991	0.0206	1.895~1.989
58	1.810938066	0.9969	0.0357	1.729~1.893	73	1.832844575	0.9958	0.0421	1.736~1.929
59	1.973554371	0.9998	0.0099	1.951~1.996	74	1.911314985	0.9982	0.0287	1.845~1.977
60	1.914058762	0.9989	0.0225	1.862~1.966	75	1.846381093	0.9961	0.0408	1.752~1.941
61	1.989060169	0.9999	0.0070	1.973~2.005	76	1.976089319	0.9993	0.0185	1.933~2.019
62	2.059096057	0.9992	0.0206	2.012~2.107	77	1.87899286	0.9979	0.0305	1.809~1.949

7.2 空间自回归分析

地理学第一定律说明任何地理事物在空间分布上互为相关，地理事物在空间分布上存在集聚、随机、规则分布状态。本书第6章通过对城市绿地分形与热环境的相关性研究发现，城市绿地系统分形指标与热环境指标之间存在一定的相关性且具有尺度效应。除此之外，还显示了城市热环境指标与绿地分形指标在街区尺度下存在空间集聚特征。因此，在探究街区尺度下城市绿地分形指标对热环境作用机制时，不得不考虑二者自身空间相关性的影响。以期能够找出街区尺度下影响城市热环境的最大因素，从而提出有效的措施最大程度发挥绿地的降温作用。

空间自回归模型综合考虑地理事物在空间分布上的异质性特征，能够有效分析影响变量在空间上的分布。所以，采用空间自回归模型分析城市绿地分形指标对热环境的作用机制。在具体的模型指标选取方面，因变量为城市热环境指标。为了比较绿地自身特征指标和绿地结构性指标对热环境的影响，解释变量增加了2个指标。最终确定的解释变量为周长—尺度模型估算的绿地边界维数（$X1$）、周长—面积模型估算的绿地边界维数（$X2$）、绿地网格维数（$X3$）、绿地面积（$X4$）以及绿地周长（$X5$）。绿地分形指标是使用绿地面积数据和绿地周长数据经过计算后反应绿地面积和周长的结构性指标，绿地面积$X4$可以与网格维数$X3$进行比较，绿地周长$X5$可以与周长—尺度模型估算的边界维$X1$进行比较。

利用最小二乘法分析城市绿地分形指标对城市热环境的作用机制，其回归结果见表7-4。其中，城市绿地网格维数通过1%显著性水平检验，能够解释36.4%的城市热环境空间分异格局。根据最小二乘法回归结果显示，街区尺度下城市绿地网格维数与地表温度存在正向相关性，城市绿地周长—尺度边界维数、周长—面积边界维数、面积、周长指标与地表温度存在负向相关性。

表7-4 最小二乘法回归结果

变量	系数	P值
$X1$	−33.933	0.275
$X2$	−4.518	0.344
$X3$	73.106***	0.005
$X4$	−0.000	0.562
$X5$	−0.000	0.634
$R2$	0.405	—
调整R^2	0.364	—
LogL	−178.725	—
AIC	369.45	—
SC	383.59	—

注 ***表示通过1%显著性水平检验。

通过对最小二乘法回归结果进行诊断检验（表7-5）发现，残差Moran's I 为6.623，通过1%显著性水平检验，说明最小二乘法的残差存在明显的空间依赖性。除此之外，Breusch-Pagan及Koenker-Bassett检验统计量的P值分别为0.265及0.172，均大于0.05，也在一定程度上表明最小二乘法存在异方差。城市绿地不同分形指标之间的相互作用、互相影响，从而推动城市热环境空间格局的形成。为进一步探讨城市绿地系统分形指标对城市热环境的作用机制，应选取合适的空间自回归模型对其进行进一步解析。

由表7-5可知，LMERR以及R-LMERR均通过显著性水平检验，说明空间误差模型的回归效果要优于空间滞后模型的回归效果。此外，表7-6显示空间滞后模型的回归系数为0.055，未通过显著性水平检验，空间误差模型的误差系数为0.841，通过1%显著性水平检验。空间误差模型的最大似然对数大于空间滞后模型的最大似然对数，其赤池信息量准则及Schwartz指标均小于空间滞后模型的赤池信息量准则及Schwartz指标，说明空间误差模型的拟合效果优于空间滞后模型的拟合效果。在一定程度上反映了区域热环境受到其邻近区域热环境的误差冲击程度，要强于受到其邻近区域热环境的空间溢出程度。

表7-5 最小二乘法回归结果诊断检验

检验统计量	统计量	P值
Breusch-Pagan	6.451	0.265
Koenker-Bassett	7.720	0.172
Moran's I (error)	6.623	0.000
LMLAG	1.325	0.250
R-LMLAG	38.346	0.000
LMERR	37.999	0.000
R-LMERR	39.672	0.000

根据表7-6可知，空间误差模型的误差系数（λ）为0.841，通过1%显著性水平检验，说明大连市城市地表温度在空间分布上存在明显的空间效应。其中根据空间误差模型回归结果显示面积（$X4$）、周长（$X5$）对地表温度的影响系数为0，说明街区尺度下绿地自身特征指标对地表温度几乎没有影响力，而绿地的

7 城市绿地分形与热环境的空间异质性

降温效应主要来自绿地结构性指标的综合作用。

表7-6 空间滞后模型及空间误差模型回归结果

变量	空间滞后模型（SLM）		空间误差模型（SEM）	
	系数	P值	系数	P值
$X1$	−32.293	0.271	−20.945	0.154
$X2$	−4.401	0.329	1.985	0.267
$X3$	70.551***	0.004	39.669***	0.001
$X4$	−0.000	0.557	−0.000	0.377
$X5$	−0.000	0.581	−0.000	0.950
ρ	0.055	0.211	—	—
λ	—	—	0.841***	0.000
R^2	0.418	—	0.851	—
LogL	−177.919	—	−143.047	—
AIC	369.838	—	298.093	—
SC	386.335	—	312.233	—

对绿地分形指标的空间自回归结果进行进一步分析。

7.2.1 采用周长—尺度模型估算的绿地边界维数的热环境效应

街区尺度下，基于周长—尺度模型估算的城市绿地边界维数对地表温度空间差异格局的影响系数为-20.945。虽然未通过显著性检验，但$X1$影响系数远高于$X2$。说明街区尺度下城市绿地边界线的复杂程度和绿地结构破碎度相比，影响力更大。$X1$与地表温度空间差异存在负相关性，意味着绿地边界线的复杂程度越高，地表温度越低，绿地的降温效应越大。这与Huang M等[226]和Masoudi M等[227]的研究结论"城市绿地系统边界形状越简单，该区域内的地表温度越低，绿地空间具有良好的降温效果"相反。而本书通过6.3.2章节和本节研究结果发现，绿地边界形态对降温效果的影响在不同尺度和不同空间范围内具有差异。

7.2.2 采用周长—面积模型估算的绿地边界维数的热环境效应

基于周长—面积模型估算的城市绿地边界维数对地表温度空间差异格局的影响系数为1.985，未通过显著性检验。$X2$的系数远低于$X1$和$X3$，说明在街区尺度下城市绿地结构的破碎度对地表温度的影响力极低，可以忽略不计。但从影响力的方向判断，街区尺度下周长—面积模型的边界维与地表温度空间差异存在正相关性。也就是说，街区尺度下绿地的破碎度越高，地表温度越高，绿地的降温效果越差。这从空间差异性角度进一步验证了本书6.3.2章节中的结论。降低绿地结构的破碎度，提高城市绿地空间的稳定性，能够在一定程度上提高绿地对其周围区域的降温效果。

7.2.3 绿地网格维数的热环境效应

城市绿地网格维数对地表温度的空间差异格局的影响系数为39.669，通过1%的显著性水平检验，且$X3$的系数最高，说明街区尺度下城市绿地空间结构的均衡性对地表温度的影响力最大、最显著。街区尺度下绿地网格维与地表温度的空间差异存在显著的正相关性，这与本书6.3.1章节中温度区尺度的研究结论一致，即绿地的均衡度越高，地表温度越高，绿地缓解热环境的效果越弱。

Matthew Maimaitiyiming a等[228]和Peng J等[229]研究表明，城市绿地系统的空间结构能够对地表温度产生显著影响。而相关研究的指标多面向绿地景观格局的指标，例如，景观百分比（PLAND），边缘密度（ED）和斑块密度（PD）等。本书从分形的理论视角，验证了绿地的均衡度（网格维）对地表温度的显著性影响。

7.3 不一致性指数分析

为了评估研究区78个街区单元内绿地发展质量，采用不一致性指数方法测算绿地分形指标与地表温度的空间匹配关系。本书7.2章节研究表明，街区尺度下绿地分形的热环境效应影响力最高的指标为绿地网格维，其他指标均未通过显著性检验。因此，本节只讨论绿地网格维与地表温度的空间异质性，通过对不一致性指数模型的改进，将不一致性指数计算后的结果利用Arc GIS软件进行可视化。

参考相关研究，对不一致性指数测算结果进行分类：

（1）不一致性指数为（0,0.95]，代表地表温度集聚度低于绿地分形集聚度，称为"绿地超前型"。

（2）不一致性指数为（0.95,1.05），表示地表温度集聚度与绿地分形集聚度基本一致，称为"相对协调型"。

（3）不一致性指数为[1.05,+∞)，表示地表温度集聚度高于绿地分形集聚度，称为"绿地落后型"。

大连市街区管理单元绿地网格维数与地表温度之间的不一致性指数空间集聚型特征显著，基本呈现集中连片分布的空间格局，大致表现为自北向南递减的梯形结构。从街区的数量上来看，28.21%的街区单元绿地网格维数的集聚程度超前于地表温度的集聚程度，属于"绿地超前型"；41.02%的街区管理单元绿地网格维数的集聚程度与地表温度的集聚程度相当，处于"相对协调型"发展阶段；30.77%的街区单元的绿地网格维数的集聚程度滞后于地表温度的集聚程度，属于"绿地滞后型"。

通过本章7.2小节的研究，街区尺度下网格维与地表温度呈现正相关，即绿地网格维越高，绿地结构的均衡度越高，地表温度越高，绿地发挥的降温效应越差。因此，"绿地超前型"的街区，降温效应较差、绿地发展质量不高，这些街区集中分布在甘井子区的西北部，共计22个街区；"相对协调型"的街区，绿地发展质量与发挥的降温效应相对协调，这些街区分布在甘井子区东北部和研究区中部，共计32个街区；"绿地落后型"的街区，降温效应较好，绿地发展质量较高，这些街区分布在研究区南部，共计24个街区。

7.4　本章小结

本章内容主要包括三个方面：一是对大连市街区管理单元地表温度及绿地系统分形指标的空间分布特征进行简要分析；二是采用绿地面积、周长、网格维、周长—尺度边界维、周长—面积边界维5个指标作为因变量，地表温度作为自变量进行空间自回归分析，探索街区尺度下绿地指标对热环境的作用机制；三是采用不一致性指数模型量化分析城市绿地分形指标与地表温度之间的空间异质性特征，提出街区绿地发展质量和热环境效应的差异性。

重要研究结果如下：

（1）2019年，大连市平均地表温度在空间分布上存在明显的空间差异性特征，地表温度整体上呈现出由低纬度沿海地区向高纬度内陆地区逐渐增加的趋势，形成"中部区域高，四周区域低"的空间分布结构。绿地网格维数在空间分布上呈现出以34、72号街区管理单元为核心的"双核心"空间分布结构，大连市绿地网格维数局部差异显著。基于周长—尺度模型测算的绿地边界维数在空间上呈现出"多核心"的空间分布格局。基于周长—面积模型测算的绿地边界维数在空间上呈现出以7、18、40、62号街区管理单元为中心的"多核心"空间分布结构。

（2）大连市街区管理单元地表温度具有明显的空间效应，区域热环境受到其邻近区域热环境的误差冲击程度，要强于受到其邻近区域热环境的空间溢出程度。不同绿地指标对地表温度空间格局的驱动方向和驱动力各不相同，绿地结构性指标的影响力高于绿地自身特征指标。街区尺度下，基于周长—尺度模型估算的城市绿地边界维数和网格维对地表温度存在负向影响，基于周长—面积模型估算的城市绿地边界维数对地表温度空间差异格局具有正向影响，绿地网格维数对地表温度的空间差异格局的影响力最大。

（3）大连市街区管理单元绿地分形指标与地表温度之间的空间异质性特征显著，基本呈现集中连片分布的空间格局，绿地网格维数与地表温度之间的空间差异呈现自北向南递减的梯形结构。"绿地超前型"的街区，降温效应较差、绿地发展质量不高，这些街区集中分布在甘井子区的西北部共计22个街区，是未来需要改善治理的重点区域。

8

结论与展望

8.1 主要结论

8.1.1 城市绿地分形判定及分维测算的理论与技术创新

城市绿地分形存在三种基础性指标，即城市绿地系统分形、城市绿地等级分形、城市绿地类型分形。城市绿地系统分形可以从纵向维度判断和分析城市绿地系统整体结构的发展演化过程，是对城市绿地系统分形的初步研究。绿地等级分形及绿地类型分形可从横维度剖析城市绿地不同层面的发展特征，是对城市绿地系统更深一层次的研究。绿地等级是面向绿地面积结构的分级，有助于厘清不同面积等级的绿地斑块生长发育特征，这是改善城市生态环境重要的基础性研究。绿地分类是面向绿地自然属性或社会属性的分类，有助于将绿地发展特征与植被类型、人类活动等联系起来，从而探索他们之间的相互作用机制，而这是城市绿地高质量发展和高水平治理的重要依据。

通过对大连市绿地系统及各级、各类绿地分维的实测，发现绿地分维值表现出普遍的特征。绿地网格维结果稳定在 0.5~0.6 之间，边界维（周长—面积模型）结果稳定在 1.9~2.0 之间，其他模型测算的分维结果波动较大没有固定的阈值。与城市分形维数相比，绿地边界维（周长—面积模型）的结果小于城市分维（平均值 1.71），其他模型测算的绿地分维大于城市分维（平均值 1.71）。三种维度下的绿地分形比较，城市绿地系统的分维结果小于各级、各类绿地的分维值，绿地系统更容易具有分形性质，而各级、各类绿地不完全具有分形性质。三种分形模型相比，网格维、边界维的标度区范围更大，一般为 7~11 组，半径维标度区范围有限，一般为 4~7 组。

分维测量和分形判断的技术问题是分形研究中的难点。半径维的测量与判断难度最大，圆心、最小半径、尺度是相互作用、共同影响分维结果的三个重要参数。绿地半径维测算中，纵向维度下圆心选择以研究区重心为宜，方便进行不同年度的比较；横向维度下，圆心选择以绿地斑块重心为宜，可以提高分维值的准确度。最小半径和尺度应该同时判断，目标是做到最佳覆盖，并且尽可能地增加标度区内的点列数量。尺度的选择应参考研究区的范围大小，如果研究区范围不大，应选择算数尺度，增加点列的同时更有利于标度区的判断精度。半径维的标度区范围可反映绿地有序分布的空间范围，是绿地建设质量评价的重要参数。

8.1.2 大连市绿地系统分形演化及各级、各类绿地分形特征

大连市2007~2019年绿地网格维分维结果为0.5383~0.5467，城市绿地系统均衡度排序为2010年＞2007年＞2014年＞2016年＞2019年；绿地系统边界维（周长—尺度模型）分维结果为0.5450~0.5611，城市绿地系统边界形态复杂度排序为2010年＞2007年＞2014年＞2019年＞2016年，绿地系统边界维（周长—面积模型）分维结果为1.9442~1.9843，城市绿地系统破碎度排序为2019年＞2016年＞2014年＞2010年＞2007年；绿地系统半径维分维结果为0.3521~0.4311，城市绿地系统空间分布的中心化程度排序为2019年＞2016年＞2014年＞2010年＞2007年，城市绿地布局的优良度排序为2019年＞2016年=2014年＞2010年＞2007年，大连市2007~2019年城市绿地系统有序分布的空间范围依次为中心至半径6000m、8000m、10000m、12000m不等。大连市绿地系统结构的发展特征为，绿地边界形态复杂度＞绿地均衡度＞绿地密度空间分布的中心化水平，2007~2019年演化趋势为绿地边界形态复杂度和绿地均衡度逐渐降低，绿地密度空间分布的中心化水平逐渐升高。

大连市2019年各等级绿地网格维分维结果为0.5595~0.5680，各等级绿地均衡度排序为L4＞L3＞L5＞L2＞L1。边界维（周长—尺度模型）分维结果为0.5701~0.6468，各等级绿地边界线形态的复杂度排序为L4＞L3＞L2＞L5＞L1；边界维（周长—面积模型）分维结果为1.9701~2，各等级绿地破碎度的排序为L1=L2＞L4＞L3＞L5。各等级绿地半径维分维结果为0.5621~0.7883，各等级绿地在各自标度区范围内空间分布中心化程度的排序为L4＞L5＞L3＞L2＞L1。各等级绿地有序分布空间范围的重要半径节点为8000m、10000m、12000m、16000m。各等级绿地空间结构的综合复杂程度排序为L4＞L3＞L2＞L5=L1。

大连市2019年各类型绿地网格维数为0.5575~1.2524，各类型绿地均衡度排序为G3＞G1＞G2＞G4＞G5。边界维（周长—尺度模型）分维结果为0.5640~1.3726，各类型绿地边界形态复杂度排序为G3＞G1＞G2＞G4＞G5。边界维（周长—面积模型）分维结果为1.9990~1.9942，各类型绿地不稳定性的排序为G2＞G3＞G5＞G4＞G1。各类型绿地半径维的分维结果为0.385~0.637，除广场绿地外其他类型绿地均具有分形特征，各类绿地在各自标度区内空间分布中心化程度的排序为G5＞G1＞G2＞G4。各类型绿地空间结构的综合复杂程度排序为G3＞G1＞G2＞G4＞G5。

8.1.3　城市绿地分形的热环境效应

绿地分形与热环境的相关性存在尺度效应，尺度是二者相关性研究的重要前提。大连市绿地分形与地表温度在研究区尺度下不显示相关性，在温度区、街区等尺度下存在复杂的相互作用关系。网格维与热环境相关性表现在低温区和中温区，低温区的影响力高于中温区。网格维与地表温度呈显著的正相关，意味着在低温区和中温区内，绿地的均衡度越高，地表温度越高，绿地的降温效果越差。边界维（周长—尺度模型）与地表温度在中温区显著正相关，在高温区显著负相关。意味着，在中温区内绿地的边界线形态越复杂，地表温度越高，绿地降温效应越低。中温区人类对自然型绿地的干扰严重，从而使得绿地发挥降温作用的效果更差。高温区内绿地边界线越复杂，地表温度越低，降温效果越好。高温区人工型绿地边界形态越复杂与城市环境的接触面积越大，绿地对城市地表的降温作用越明显。边界维（周长—面积模型）与地表温度，只在高温区上显示显著正相关。高温区中绿地结构的破碎度越高，城市热环境现象越明显，绿地发挥的降温效应越低。半径维与地表温度在高温区呈现显著负相关性，绿地空间分布中心化程度越高，地表温度越低，绿地发挥的降温效应越大。

相关研究发现了绿地面积自身指标的降温效应，本书进一步发现了绿地面积的结构性指标（网格维）的降温效应。同类研究指明了绿地边界形态与降温效应的正相关性，本书的不同之处在于发现了绿地形态指标的热环境效应在不同的温度区内存在相反的作用力。此外，本书首次发现绿地破碎度（周长—面积模型的边界维）、绿地空间分布的中心化水平（半径维）两个反映绿地结构和布局的指标具有热环境效应。

城市绿地分形与热环境的空间异质性，可以用于评估绿地的发展质量并用于指导绿地治理和热环境改善。通过对大连市78个街区管理单元的实证，发现街区尺度下城市绿地网格维数对地表温度空间差异格局的影响力最高，与绿地面积、绿地周长、绿地边界维相比，是驱动地表温度空间差异格局的关键因素。街区尺度下，城市绿地网格维与地表温度的空间差异存在显著的正相关性，即绿地的均衡度越高，地表温度越高，绿地缓解热环境的效果越弱。通过测算，最强驱动因子（网格维）与地表温度的不一致性指数，可用于判断绿地热环境效应的空间差异。绿地降温效应较高的街区分布在研究区南部，共计24个街区；绿地发展质量与发挥的降温效应相对协调的街区分布在甘井子区东北部和研究区中部，共计32个街区；绿地降温效应较低的街区集中分布在甘井子区的西北部，共计22个街区。

8.1.4 大连市绿地系统人居环境发展建设建议

（1）从城市绿地分形的角度：包括城市绿地系统、各等级绿地分形、各类型绿地分形三个维度。

城市绿地系统维度：目前大连市绿地系统（2019年）绿地有序分布的空间范围历史最大，为研究区中心到半径12000m的范围，未来改善的重点区域为半径12000m以外的城市边缘区。绿地系统边界线的复杂度（周长—尺度边界维）和均衡度（网格维）虽然也不高，但与历史数据相比差距不大，问题并不突出。但绿地系统的破碎度（周长—面积边界维）历史最低且显示巨大差异，改善绿地结构破碎度、提高绿地系统结构的稳定性是未来整体治理的重点。

各等级绿地分形维度：需要重点治理的对象是L1（面积小于$100m^2$的绿地斑块）和L2（面积在$100\sim1000m^2$的绿地斑块）。治理目标是提高L1、L2级绿地的均衡度（网格维），降低L1、L2级绿地的破碎度（周长—面积边界维），提高L1、L2级绿地在半径10000m范围内空间分布的中心化程度。

各类型绿地分形维度：依据各类型绿地的自身特征和分形结果，G1（公园绿地）在各方面都表现优异；G2（防护绿地）的破碎度（周长—面积模型边界维）最高，需提高其内部结构的稳定性；G3（广场绿地）的均衡度和边界线的复杂度表现优异，但绿地密度的中心化水平（半径维）不具有分形性质，需调整G3的空间布局结构使其形成有序的空间分布状态；G4（附属绿地）空间分布的中心化水平（半径维）最低，改善重点在空间布局方案；G5（其他绿地）目前各项指标表现较好，可优化的指标为提高内部的不稳定性（周长—面积模型边界维）。

（2）从改善热环境的角度：目前（2019年）大连市热环境呈现出"南低北高"的空间格局特征。高温区以"团状"的形态集中连片分布在研究区北部，中温区以"环带状"散布在高、低温区之间，低温区以"团状+环状"集中连片分布在研究区北部和外围边缘地带。

低温区热环境的驱动指标是绿地均衡度（网格维），大连市外围地带成片的自然绿地对低温区及研究区整体的降温效应起到了关键作用，应加以维护，严控绿地的数量和质量。

中温区热环境的驱动指标是绿地边界线的复杂度（周长—尺度边界维），城市建设活动对中温区原本大面积自然绿地的侵蚀和干扰，使得绿地边界线复杂度升高，从而降低了绿地的降温效应。因此，对中温区自然绿地的修复，以及降低中温区绿地整体的边界形态复杂度，能进一步提高绿地的降温效果。

高温区热环境的影响因素较为复杂，其驱动机制为绿地边界形态（周长—尺度边界维）、绿地破碎度（周长—面积边界维）、绿地密度中心化水平（半径维）三个分形指标的相互作用和共同影响。高温区绿地有序布局的空间范围经历12年的演化后稳定在半径9000m范围的空间内，9000m以外至边缘区的范围是绿地治理的重点区域。有效的治理措施包括：提高人工型绿地边界形态的复杂度、降低高温区绿地整体结构的破碎度、围绕着区域中心将绿地集中布局等。

街区尺度是开展国土空间规划实践的基础单元，具有现实意义。街区尺度下，大连市2019年热环境呈现出由低纬度沿海地区向高纬度内陆地区逐渐增加的趋势，形成"中北部区域高，四周区域低"的空间分布结构。街区绿地发挥的热环境效应具有显著的空间差异，甘井子区西北部的22个街区绿地热环境效应差，具体包括 11 号、14 号、16 号、17 号、18 号、19 号、20 号、21 号、29 号、30 号、32 号、35 号、36 号、38 号、43 号、44 号、45 号、48 号、59 号、65 号、70 号、77 号街区。改善途径为降低绿地的均衡度，使得绿地集中连片地分布。

8.2 研究不足与展望

本书存在以下研究不足：一是绿地数据与地表温度数据精度存在差异，一定程度上限制了研究尺度的选择，也有可能使得街区尺度下除了网格维外的其他分形指标没有显示出相关性；二是绿地分形的热环境效应研究，由于篇幅的限制，本书只对各温度区内的绿地系统进行讨论，尚没有研究各级、各类绿地的热环境效应；三是绿地的发展质量和城市热环境特征存在地域差异，本书只研究了大连市一个案例地，尤其对于城市绿地系统分形来说，面向多地域和同类城市的比较研究更具有理论和现实意义。

参考文献

[1] 甄峰,张姗琪,秦萧,等.从信息化赋能到综合赋能:智慧国土空间规划思路探索[J].自然资源学报,2019,34(10): 2060-2072.

[2] 陈明星,梁龙武,王振波,等.美丽中国与国土空间规划关系的地理学思考[J].地理学报,2019,74(12): 2467-2481.

[3] 杨保军,陈鹏,董珂,等.生态文明背景下的国土空间规划体系构建[J].城市规划学刊,2019(4): 16-23.

[4] 汤大为,韩若楠,张云路.面向国土空间规划的城市绿地系统规划评价优化研究[J].城市发展研究,2020,27(7): 55-60.

[5] Kaveh D, Md. K, Yan L. Urban heat island effect: A systematic review of spatio-temporal factors, data, methods, and mitigation measures[J]. International Journal of Applied Earth Observations and Geoinformation, 2018(67): 30-42.

[6] Jin H, Peng C, Nyuk W, et al. Assessing the Effects of Urban Morphology Parameters on Microclimate in Singapore to Control the Urban Heat Island Effect[J]. Sustainability, 2018,10(1): 206.

[7] Xiong Y, Peng F, Zou B. Spatiotemporal influences of land use/cover changes on the heat island effect in rapid urbanization area[J]. 地球科学前沿(英文版), 2019,13(3): 614-627.

[8] Yang J, Su J, Xia J, et al. The Impact of Spatial Form of Urban Architecture on the Urban Thermal Environment: A Case Study of the Zhongshan District, Dalian, China[J]. IEEE Journal of Selected Topics in Applied Earth Observations & Remote Sensing, 2018,11(8): 2709-2716.

[9] Wang J, Meng Q, Tan K, et al. Experimental investigation on the influence of

evaporative cooling of permeable pavements on outdoor thermal environment[J]. Building & Environment, 2018,140(8): 184-193.

[10] Ren Z, Fu Y, Du Y, et al. Spatiotemporal patterns of urban thermal environment and comfort across 180 cities in summer under China's rapid urbanization[J]. PeerJ, 2019: e7424.

[11] 方可, 哈思杰, 唐梅, 等. 城市绿地建设实施评估方法创新研究：以武汉市为例[J]. 城市规划学刊, 2015,226(6): 92-97.

[12] Gong Y, Li X, Cong X, et al. Research on the Complexity of Forms and Structures of Urban Green Spaces Based on Fractal Models[J]. Complexity, 2020(1): 4213412.

[13] Luecke G R. Greenspace[J]. Presence: Teleoperators & Virtual Environments, 2012,21(3): 245-253.

[14] Soares M M, Maia E G, Claro R M. Availability of public open space and the practice of leisure-time physical activity among the Brazilian adult population[J]. International Journal of Public Health, 2020,65(8): 1467-1476.

[15] Olga, Barbosa, And, et al. Who benefits from access to green space? A case study from Sheffield, UK[J]. Landscape & Urban Planning, 2007,83(2-3): 187-195.

[16] 雷芸. 持续发展城市绿地系统规划理法研究[D]. 北京：北京林业大学, 2009.

[17] 中华人民共和国建设部. 城市规划基本术语标准:GB/T 50280—98[S]. 北京：中国建筑工业出版社, 1999.

[18] 中华人民共和国住房和城乡建设部. CJJ/T 85—2017城市绿地分类标准：[S]. 2017.

[19] 周燕, 刘梦瑶, 王丽娜, 等. 基于生态网络优化对比的国土空间生态修复策略研究[J]. 中国园林, 2024,40(9): 43-49.

[20] 朱晓华. 中国地理信息中的分形与分维[D]. 北京：北京大学环境学院, 2004.

[21] 陈彦光. 城市形态的分维估算与分形判定[J]. 地理科学进展, 2017,36(5): 529-539.

[22] 陈彦光, 刘继生. 城市形态分维测算和分析的若干问题[J]. 人文地理, 2007(3): 98-103.

[23] 陈彦光. 分形城市系统: 标度·对称·空间复杂性[M]. 北京: 科学出版社, 2008.

[24] 刘艳红. 城市绿地景观的热环境效应影响机制及其优化研究[D]. 晋中: 山西农业大学, 2017.

[25] 姚远, 陈曦, 钱静. 城市地表热环境研究进展[J]. 生态学报, 2018(3): 1134-1147.

[26] Wang X J. Analysis of problems in urban green space system planning in China[J]. 林业研究（英文版）, 2009,20(1):79-82.

[27] 李敏. 城市绿地系统与人居环境规划[M]. 北京: 中国建筑工业出版社, 1999.

[28] 姜允芳. 城市绿地系统规划理论与方法[M]. 北京: 中国建筑工业出版社, 2006.

[29] 许浩. 国外城市绿地系统规划[M]. 北京: 中国建筑工业出版社, 2003.

[30] 成玉宁, 周聪惠. 城市绿地系统规划编制方法[M]. 南京: 东南大学出版社, 2014.

[31] 金云峰, 李涛, 周聪惠, 等. 国标《城市绿地规划标准》实施背景下绿地系统规划编制内容及方法解读[J]. 风景园林, 2020,27(10): 80-84.

[32] B. 曼德尔布洛特. 分形对象:形、机遇和维数[M]. 北京: 世界图书出版公司, 1999.

[33] 伯努瓦. B. 曼德布罗特, 陈守吉, 凌复华. 大自然的分形几何学[M]. 上海: 上海远东出版社, 1998.

[34] 吴敏. 一类递归集的Hausdorff维数及Bouligand维数[J]. 数学学报, 1995(2): 154-163.

[35] Rong K. Fractal Analysis on the Spatial Structure of Land Use Patterns in a Non-Point Source Polluted Area in Southern China[J]. Journal of Landscape Research, 2019,11(3).

[36] Qiang L A, Rui S A, B J L A, et al. Mass transfer model of fracture-controlled matrix unit: Model derivation and experimental verification based on fractal theory and micro-CT scanning technology - ScienceDirect[J]. Energy Reports, 2020(6): 3067-3079.

[37] Yang H, Chen W, Liu Z, et al. Study on the Dynamic Evolution Law of the Effective Stress in the Coal Seam Water infusion Process Based on Fractal Theory[J]. Fractals-complex Geometry Patterns & Scaling in Nature & Society, 2020,28(5): 2050086.

[38] Budanov P, Brovko K, Borisenko Y, et al. Modeling of Pre-and Emergency Situations at Power-based Cluster Fractal Theory[J]. Energy saving. Power Engineering. energy Audit, 2019.

[39] Mu X, Sun W, Liu C, et al. Numerical Simulation and Accuracy Verification of Surface Morphology of Metal Materials Based on Fractal Theory[J]. Materials, 2020,13(18): 4158.

[40] Liu Z, Jiang K, Dong X, et al. A research method of bearing coefficient in fasteners based on the fractal and Florida theory[J]. Tribology International, 2020,152: 106544.

[41] Li J, Chen M, Zhang C, et al. Fractal-Theory-Based Control of the Shape and Quality of CVD-Grown 2D Materials[J]. Advanced Materials, 2019,31(35): 1902431.

[42] 朱晓华. 地理空间信息的分形与分维[M]. 北京: 测绘出版社, 2007.

[43] 王保忠, 王彩霞, 何平, 等. 城市绿地研究综述[J]. 城市规划汇刊, 2004(2): 62-68.

[44] Zhang C, Yue B, Wang Y, et al. Research progress of urban green space systems evaluation in China[J]. IOP Conference Series: Earth and Environmental Science, 2019,371(3): 32027-32029.

[45] 宋培抗. 城市建设数据手册[M]. 天津: 天津大学出版社, 1994.

[46] 金远. 对城市绿地指标的分析[J]. 中国园林, 2006, 22(8): 56-60.

[47] 尹海伟, 孔繁花, 宗跃光. 城市绿地可达性与公平性评价[J]. 生态学报, 2008,28(7): 3375-3383.

[48] 刘梦飞. 城市绿化覆盖率与气温的关系[J]. 城市规划, 1988(3): 59-60.

[49] 赵丹, 李锋, 王如松. 基于生态绿当量的城市土地利用结构优化——以宁国市为例[J]. 生态学报, 2011,31(20): 6242-6250.

[50] Park, Chan-Yong, Kwun, et al. Classification of Types of Urban-area Parks in Daegu[J]. Journal of Korea Planning Association, 2003,38(6): 113-124.

[51] Zhao J, Chen S, Jiang B, et al. Temporal trend of green space coverage in China and its relationship with urbanization over the last two decades[J]. Science of the Total Environment, 2013,442(1): 455-465.

[52] Fuller R A, Gaston K J. The scaling of green space coverage in European cities[J]. Biology Letters, 2009,5(3): 352-355.

[53] 丁妮,吕徐.喀斯特山地城市绿地景观格局分析[J].北方园艺,2020,450(3): 91-98.

[54] 周筱雅,刘志强,王俊帝.中国市域人均公园绿地面积时空演变特征[J].规划师,2018,34(6): 105-111.

[55] M ARTMANN, M KOHLER, G MEINEL. 精明增长与绿色基础设施如何相互支持:紧凑绿色城市的概念框架[J].城市规划学刊,2018(1): 126.

[56] Benedict M, Mcmahon E, Fund T C, et al. Green Infrastructure: Linking Landscapes and Communities[J]. Natural Areas Journal, 2017,22(3): 282-283.

[57] 曹国强,李刚,马东辉.城市避震疏散场所公园绿地面积指标的研究[J].防灾减灾工程学报,2006,26(2): 224-228.

[58] Fei W, Jin Z, Ye J, et al. DISASTER CONSEQUENCE MITIGATION AND EVALUATION OF ROADSIDE GREEN SPACES IN NANJING[J]. Journal of Environmental Engineering & Landscape Management, 2019,27(1): 49-63.

[59] 俞宁娜,钟江波,沈叶青,等.高存活率生态坡地绿化装置[P].中国: CN208691817V, 2019.04.05.

[60] 刘博杰,王仕豪,逯非,等.北京市城区2005—2015年屋顶绿化发展趋势、分布格局及政策推动[J].生态学杂志,2018(5): 1509-1517.

[61] Xu N, Luo J, Zuo J, et al. Accurate Suitability Evaluation of Large-Scale Roof Greening Based on RS and GIS Methods[J]. Sustainability, 2020,12(11): 4375.

[62] 史宝刚,尹海伟,孔繁花.南京市新街口地区垂直绿化发展潜力评价[J].应用生态学报,2018, 29(5): 206-214.

[63] 李智轩,何仲禹,张一鸣,等.绿色环境暴露对居民心理健康的影响研究——

以南京为例[J]. 地理科学进展, 2020,39(5): 779–791.

[64] Zhang R, Shu P. A Study of Spatial Suitability of Residential Green Space from the Perspective of Leisure-time Physical Activities[J]. Journal of Chinese Urban Forestry, 2019.

[65] 周宏轩, 陶贵鑫, 炎欣烨, 等. 绿量的城市热环境效应研究现状与展望[J]. 应用生态学报, 2020,31(8): 2804–2816.

[66] Labib SM, Harris A. The potentials of Sentinel-2 and Landsat-8 data in green infrastructure extraction, using object based image analysis (OBIA) method[J]. European Journal of Remote Sensing, 2018, 51(1): 231–240.

[67] Pablo K, Payam D, Lucia A, et al. Development of the urban green space quality assessment tool (RECITAL)[J]. Urban Forestry & Urban Greening, 2020, (prepublish): 126895-.

[68] Akpinar A. How is quality of urban green spaces associated with physical activity and health?[J]. Urban Forestry & Urban Greening, 2016(16): 76–83.

[69] Brindley P, Cameron R W, Ersoy E, et al. Is more always better? Exploring field survey and social media indicators of quality of urban greenspace, in relation to health[J]. Urban Forestry & Urban Greening, 2019(39): 45–54.

[70] Baka A, Mabon L. Assessing equality in neighbourhood availability of quality greenspace in Glasgow, Scotland, United Kingdom[J]. Landscape Research, 2022,47(5): 584–597.

[71] Fongar, Aamodt, Randrup, et al. Does Perceived Green Space Quality Matter? Linking Norwegian Adult Perspectives on Perceived Quality to Motivation and Frequency of Visits[J]. International Journal of Environmental Research & Public Health, 2019,16(13): 2327.

[72] 周伟, 李浩然, 黄露, 等. 重庆市南岸区城市绿地演变及其固碳效益研究[J]. 重庆交通大学学报(自然科学版), 2020,39(7): 121–125.

[73] 郑钰旦, 朱思媛, 方梦静, 等. 城市公园不同植物配植类型与温湿效应的关系[J]. 西北林学院学报, 2020,35(3): 243–249.

[74] 高玉福, 荣立苹. 城市公共绿地降温增湿效益研究综述[J]. 浙江林业科技,

2017,37(3): 72-78.

[75] 孙丹焱, 郑涛, 徐竟成, 等. 城市绿地土壤渗透性改良对雨水径流污染的削减效果及去除规律[J]. 环境工程学报, 2019,13(2): 372-380.

[76] 李港妹, 张兴奇, 孙媛. 下凹式绿地对地表径流的调节作用研究[J]. 水资源与水工程学报, 2019,30(2): 31-36.

[77] 陈龙, 谢高地, 盖力强, 等. 道路绿地消减噪声服务功能研究: 以北京市为例[J]. 自然资源学报, 2011,26(9): 1526-1534.

[78] 梁立军, 李昂, 王贻谷. 居住区园林绿化生态效益初探: 以杭州丹桂公寓为例[J]. 西北林学院学报, 2004(3): 146-148.

[79] 伍斌, 王志杰. 喀斯特山地城市内山体绿地对城市热岛的减温效应: 以安顺市西秀区为例[J]. 生态学杂志, 2021,40(3): 855-863.

[80] 丁宇, 李贵才, 路旭, 等. 空间异质性及绿色空间对大气污染的削减效应: 以大珠江三角州为例[J]. 地理科学进展, 2011,30(11): 1415-1421.

[81] 凯丽比努尔·努尔麦麦提, 玉米提·哈力克, 阿丽亚·拜都热拉, 等. 阿克苏市街道绿地主要树种滞尘特征及价值估算[J]. 林业科学, 2017,53(1): 101-107.

[82] 梁东成, 陈小奎, 张培培. 城市绿地的经济效益分析与评价[J]. 林业经济问题, 2012,32(5): 458-460.

[83] 赵迪先, 徐建刚, 高尚, 等. 基于改进2SFCA可达性建模的海绵型公园绿地空间社会效益评价: 以镇江市海绵城市建设试点区为例[J]. 生态经济, 2020,36(11): 221-227.

[84] 曹雅琴, 陈樟昊, 黄甘霖, 等. 城市绿地格局与居民社会经济特征关系研究进展[J]. 应用生态学报, 2019,30(10): 3303-3315.

[85] 洪顺发, 郭青海, 何志超, 等. 基于格兰杰因果实证的城市绿地与经济发展互动机制研究[J]. 生态学报, 2020,40(15): 5203-5209.

[86] 邢露华, 王永强, 刘曼舒, 等. 郑州市主城区公园绿地与居民人口分布均衡性研究[J]. 西北林学院学报, 2020,35(3): 258-265.

[87] 刘艳芬, 余坤勇, 赵秋月, 等. 基于服务能力的福州主城区城市公园布局分析[J]. 浙江农林大学学报, 2021,38(2): 387-395.

[88] 易铮, 冯沥娇, 董芊里, 等. 基于可达性分析的公园绿地布局优化: 以许昌市

建成区为例[J]. 现代城市研究, 2020(11): 53-60.

[89] 余思奇, 朱喜钢, 刘风豹, 等. 社会公平视角下城市公园绿地的可达性研究: 以南京中心城区为例[J]. 现代城市研究, 2020(8): 18-25.

[90] 张敦福, 高昕. 城市公园的日常生活实践、需求满足与社会福祉: 上海市中山公园和大宁公园的实地研究[J]. 中山大学学报(社会科学版), 2020,60(1): 156-165.

[91] 屠星月, 黄甘霖, 邬建国. 城市绿地可达性和居民福祉关系研究综述[J]. 生态学报, 2019,39(2): 421-431.

[92] 张金光, 余兆武, 赵兵. 城市绿地促进人群健康的作用途径: 理论框架与实践启示[J]. 景观设计学, 2020,8(4): 104-113.

[93] 冯一民, 胡蔚. 多维融合的园区立体绿化规划探索: 以上海市北高新技术服务业园区为例[J]. 中国园林, 2019,35(S2): 56-60.

[94] 谭瑛, 刘思, 郭苏明. 城市历史文化街区的绿量测算方法研究[J]. 现代城市研究, 2018(9): 115-124.

[95] 陈华, 刘锐兵, 黎淑霞, 等. 康复医院人工绿地郁闭度与三维绿量的研究[J]. 重庆理工大学学报(自然科学), 2018,32(8): 121-129.

[96] 彭子嘉, 高天, 师超众, 等. 校园绿地植被结构、生境特征与鸟类多样性关系[J]. 生态学杂志, 2020,39(9): 3032-3042.

[97] 范舒欣, 李逸伦, 李坤, 等. 城市绿地植物群落特征对亚微米颗粒物的影响[J]. 生态学报, 2021,41(1): 213-223.

[98] 王博娅, 刘志成. 北京市海淀区绿地结构功能性连接分析与构建策略研究[J]. 景观设计学, 2019,7(1): 34-51.

[99] 周媛. 多元目标导向下的成都中心城区绿地生态网络构建[J]. 浙江农林大学学报, 2019,36(2): 359-365.

[100] 姜佳怡, 戴菲, 章俊华. 基于POI数据的上海城市功能区识别与绿地空间评价[J]. 中国园林, 2019,35(10): 113-118.

[101] 杨梅, 张建平, 李宝勇, 等. 城市绿地空间可达性与安全感相关性研究: 以南昌八一公园为例[J]. 中国园林, 2019,35(11): 76-80.

[102] 周廷刚, 郭达志. 基于GIS的城市绿地景观引力场研究: 以宁波市为例[J].

生态学报, 2004(6): 1157-1163.

[103] 赵萌, 张雪琦, 张永霖, 等. 基于景感生态学的城市生态空间服务提升研究: 以北京市顺义区为例[J]. 生态学报, 2020,40(22): 8075-8084.

[104] 禹文东, 车通, 罗云建, 等. 基于生态网络的扬州城市绿地格局及其演变特征[J]. 扬州大学学报(农业与生命科学版), 2020,41(5): 125-130.

[105] 陈亚萍, 郑伯红, 曾祥平. 基于街景和遥感影像的城市绿地多维度量化研究: 以郴州市为例[J]. 经济地理, 2019,39(12): 80-87.

[106] Fábos J G. Greenway planning in the United States: its origins and recent case studies[J]. Landscape & Urban Planning, 2004,68(2-3): 321-342.

[107] B Z T A, B Y Y A, A Z J, et al. A data-informed analytical approach to human-scale greenway planning: Integrating multi-sourced urban data with machine learning algorithms - ScienceDirect[J]. Urban Forestry & Urban Greening, 2020(56): 126871.

[108] Ryan, Robert, L. Building Connections to the Minute Man National Historic Park: Greenway Planning and Cultural Landscape Design[J]. Proceedings of the Fábos Conference on Landscape and Greenway Planning, 2019,6(1).

[109] 余思奇, 朱喜钢, 孙洁, 等. 美国城市公园评价体系的内容、应用及启示: 以ParkScore指数为例[J]. 中国园林, 2020,36(3): 103-108.

[110] Alessandro R, Matthew B, Viniece J. Inequities in the quality of urban park systems: An environmental justice investigation of cities in the United States[J]. Landscape and Urban Planning, 2018(178): 156-169.

[111] Cook E A, Lier H N V. Landscape planning and ecological networks[M]. Elsevier, 1994.

[112] A R H G J, B M K, C I K. European ecological networks and greenways[J]. Landscape & Urban Planning, 2004,68(2-3): 305-319.

[113] Chen C, Shi L, Lu Y, et al. The optimization of urban ecological network planning based on the minimum cumulative resistance model and granularity reverse method: A case study of Haikou, China[J]. IEEE Access, 2020,PP(99): 1.

[114] Jalkanen J, Toivonen T, Moilanen A. Identification of ecological networks for

land-use planning with spatial conservation prioritization[J]. Landscape Ecology, 2019(35): 353-371.

[115] 席珺琳,吴志峰,张会,等.中心城区公园绿地服务能力综合评价:模型与案例[J].生态环境学报,2020,29(5): 1044-1053.

[116] 李晟,李涛,彭重华,等.基于综合评价法的洞庭湖区绿地生态网络构建[J].应用生态学报,2020,31(8): 2687-2698.

[117] 陈永生,李莹莹,张前进.基于GIS的合肥市中心城区公园绿地功能综合评价[J].中国农业大学学报,2019,24(3): 137-145.

[118] 康秀琴.基于AHP法的桂林市8个公园绿地植物景观评价[J].西北林学院学报,2018,33(6): 273-278.

[119] 时珍,邢露华,郑琳琳,等.城市公园绿地游憩供需协同度评价及优化策略[J].南京林业大学学报(自然科学版),2021: 1-9.

[120] 王江博,韩卫民.基于"双评价"的石河子市绿地空间布局[J].北方园艺,2020(19): 78-85.

[121] 中华人民共和国建设部.城市园林绿化评价标准:GB/T 50563—2010[S]. 2010.

[122] 艾南山,陈嵘,李后强.走向分形地貌学[J].地理与地理信息科学,1999(1): 92-96.

[123] 曹伟,朱鹏辉.基于分形理论作出的镇总体规划边界量化评价[J].城市发展研究,2019,26; 216(8): 148-152.

[124] 陈勇,陈嵘.城市规模分布的分形研究[J].经济地理,1993(3): 48-53.

[125] 刘继生,陈彦光.城镇体系等级结构的分形维数及其测算方法[J].地理研究,1998(1): 82-89.

[126] 刘承良,余瑞林,段德忠.武汉城市圈城乡道路网分形的时空结构[J].地理研究,2014,33(4): 777-788.

[127] 周敏.分形理论下的城市商业网点空间布局研究[D].大连:大连理工大学, 2017.

[128] 刘妙龙,陈鹏,冯永玖.上海市人口分形的时空演化与区域差异研究[J].中国人口科学,2005(2): 51-60.

[129] 刘勇洪, 徐永明. 利用分形的北京城市空间拓展分析[J]. 测绘科学, 2015.

[130] 阿如旱, 杨持, 同丽嘎. 基于分形理论的沙漠化土地空间结构: 以内蒙古多伦县为例[J]. 地理研究, 2010(2): 283-290.

[131] 张朝生, 章申, 何建邦. 长江水系沉积物重金属含量空间分布特征研究: 空间自相关与分形方法[J]. 地理学报, 1998,65(1): 87-96.

[132] 陈彦光, 王义民. 论分形与旅游景观[J]. 人文地理, 1997(1): 66-70.

[133] 陈涛, 刘继生. 城市体系分形特征的初步研究[J]. 人文地理, 1994,9(1): 25-30.

[134] Benguigui L, Marinov M, Czamanski D, et al. When and Where is a City Fractal? ERSA conference papers, 2000[C].

[135] Batty M, Longley P. Fractal Cities - A Geometry of Form and Function[J]. 1994,162(1): 113.

[136] Bovill C. Random Fractals, Midpoint Displacement, and Curdling[M]. Boston: Birkhäuser Boston, 1996.

[137] Batty M, Longley P A. Fractal-based description of urban form[J]. Environment & Planning B Planning & Design, 1987,14(2): 123-134.

[138] Arlinghaus S L. Fractals Take a Central Place[J]. Geografiska Annaler: Series B, Human Geography, 1985,67(2): 83-88.

[139] 刘继生, 陈彦光. 城市, 分形与空间复杂性探索[J]. 复杂系统与复杂性科学, 2004,1(3): 62.

[140] 陈彦光. 分形城市与城市规划[J]. 城市规划, 2005(2): 33-40.

[141] 陈彦光. 城市形态的分维估算与分形判定[J]. 地理科学进展, 2017,36(5): 529-539.

[142] Batty M, Longley P A. Fractal-based description of urban form[J]. Environment & Planning B Planning & Design, 1987,14(2): 123-134.

[143] White R, Engelen G. Cellular automata and fractal urban form: a cellular modelling approach to the evolution of urban land-use patterns[J]. Environment & Planning A, 1993,25(8): 1175-1199.

[144] Benguigui, Lucien, Czamanski, et al. When and where is a city fractal?[J]. Environment & Planning B Planning & Design, 2000,27(4): 507-519.

[145] 陈彦光,刘继生.城市土地利用结构和形态的定量描述:从信息熵到分数维[J].地理研究,2001(2): 146-152.

[146] 秦静,方创琳,王洋,等.基于三维计盒法的城市空间形态分维计算和分析[J].地理研究,2015,34(1): 85-96.

[147] Batty M. Cities as Fractals: Simulating Growth and Form[J]. Crilly AJ, Earnshow RA, Jones H.(eds) Fractals and Chaos, 1991(3): 43-69.

[148] 冯健.杭州城市形态和土地利用结构的时空演化[J].地理学报,2003(3): 343-353.

[149] 赵晶,徐建华,梅安新.城市土地利用结构与形态的分形研究:以上海市中心城区为例[J].华东师范大学学报(自然科学版),2005(1): 78-84.

[150] 陈彦光,黄昆.城市形态的分形维数:理论探讨与实践教益[J].信阳师范学院学报(自然科学版),2002,(1): 62-67.

[151] 杨俊,鲍雅君,金翠,等.大连城市绿地可达性对房价影响的差异性分析[J].地理科学,2018,38(12): 13-21.

[152] Batty M, Longley P A. The morphology of urban land use[J]. Environment & Planning B Planning & Design, 1988,15(4): 461-488.

[153] 赵辉,王东明,谭许伟.沈阳城市形态与空间结构的分形特征研究[J].规划师,2007(2): 81-83.

[154] 陈群元,尹长林,陈光辉.长沙城市形态与用地类型的时空演化特征[J].地理科学,2007,27(2): 273-280.

[155] 朱晓华,李亚云.土地利用类型结构的多尺度转换特征[J].地理研究,2008(6): 1235-1242.

[156] 于苏建,袁书琪.基于网格的城市公园绿地空间格局研究:以福州市主城区为例[J].福建师范大学学报(自然科学版),2011,27(6): 88-94.

[157] 金云峰,李涛,王淳淳,等.城乡统筹视角下基于分形量化模型的游憩绿地系统布局优化[J].风景园林,2018,25(12): 81-86.

[158] 刘杰,张浪,季益文,等.基于分形模型的城市绿地系统时空进化分析:以上海市中心城区为例[J].现代城市研究,2019(10): 12-19.

[159] Versini P A, Gires A, Tchiguirinskaia I, et al. Fractal analysis of green roof

spatial implementation in European cities[J]. Urban Forestry & Urban Greening, 2020,49: 126629.

[160] HowardL. The climate of London: deduced from meteorological observations made in the metro polisandat various places around it.[J]. London:W.Phillips，GeogreYard, 1833: 1818–1820.

[161] Rao PK. Remote sensing of urban heat islands from an environmental satellite[J]. Bulletin of the American Meteorological Society, 1972,7(53): 647–648.

[162] Sobrino J A, Oltra-Carrió R, Sòria G, et al. Impact of spatial resolution and satellite overpass time on evaluation of the surface urban heat island effects[J]. Remote Sensing of Environment, 2012,117(none): 50–56.

[163] Dousset B, Gourmelon F. Satellite multi-sensor data analysis of urban surface temperatures and landcover[J]. Isprs Journal of Photogrammetry & Remote Sensing, 2003,58(1-2): 43–54.

[164] 刘帅,李琦,朱亚杰.基于HJ-1B的城市热岛季节变化研究：以北京市为例[J].地理科学,2014,34(1): 84–88.

[165] 葛荣凤,王京丽,张力小,等.北京市城市化进程中热环境响应[J].生态学报,2016,36(19): 6040–6049.

[166] 张弥,马红云,林卉娇,等.不同类型冷却屋顶方案对城市群热环境的缓解效果[J].气候变化研究进展,2021,17(1): 45–57.

[167] 熊鹰,章芳.基于多源数据的长沙市人居热环境效应及其影响因素分析[J].地理学报,2020,75(11): 2443–2458.

[168] 周宏轩,陶贵鑫,炎欣烨,等.绿量的城市热环境效应研究现状与展望[J].应用生态学报,2020,31(8): 2804–2816.

[169] 钟芳芳,刘传立,王颖娜.景观格局对城市热环境的影响：以南昌市为例[J].桂林理工大学学报,2022,42(4): 938–943.

[170] 包瑞清.地表温度与城市空间分布结构的关系及其预测模型[J].中国园林,2020,36(10): 69–74.

[171] 孙喆.高密度城区形态要素对热环境的影响作用：以北京市五环内区域为例[J].生态环境学报,2020,29(10): 2020–2027.

[172] 谢哲宇, 黄庭, 李亚静, 等. 南昌市土地利用与城市热环境时空关系研究[J]. 环境科学与技术, 2019,42(S1): 241-248.

[173] 岳文泽, 徐建华. 上海市人类活动对热环境的影响[J]. 地理学报, 2008(3): 247-256.

[174] 沈中健, 曾坚. 厦门市热岛强度与相关地表因素的空间关系研究[J]. 地理科学, 2020,40(5): 842-852.

[175] 张宇轩, 翟晓强. 缓解城市热岛效应的策略及其研究进展[J]. 建筑科学, 2017,33(12): 142-151.

[176] 余兆武, 郭青海, 孙然好. 基于景观尺度的城市冷岛效应研究综述[J]. 应用生态学报, 2015,26(2): 636-642.

[177] 李膨利, Siddique Muhammad Amir, 樊柏青, 等. 下垫面覆盖类型变化对城市热岛的影响：以北京市朝阳区为例[J]. 北京林业大学学报, 2020,42(3): 99-109.

[178] 张弘驰, 唐建, 郭飞, 等. 基于通风廊道的高密度历史街区热岛缓解策略[J]. 建筑学报, 2020(S1): 17-21.

[179] 黄初冬, 李丹君, 陈前虎, 等. 海绵城市建设缓解热岛的效应与机理：以浙江省嘉兴市为例[J]. 生态学杂志, 2020,39(2): 625-634.

[180] 岳亚飞, 詹庆明, 王炯. 城市热环境的规划改善策略研究：以武汉市为例[J]. 长江流域资源与环境, 2018,27(2): 286-295.

[181] Gillner S, Vogt J, Tharang A, et al. Role of street trees in mitigating effects of heat and drought at highly sealed urban sites[J]. Landscape & Urban Planning, 2015,143: 33-42.

[182] Lin Y H, Kang-Ting T. Screening of Tree Species for Improving Outdoor Human Thermal Comfort in a Taiwanese City[J]. Sustainability, 2017,9(3): 340.

[183] Du W Cai Y Xu Z Wang Y Wang Y Cai H. Retrieval of three-dimensional tree canopy and shade using terrestrial laser scanning (TLS) data to analyze the cooling effect of vegetation[J]. Agricultural & Forest Meteorology, 2016,217: 22-34.

[184] Zhang Z, Lv Y, Pan H. Cooling and humidifying effect of plant communities in

subtropical urban parks[J]. Urban Forestry & Urban Greening, 2013,12(3): 323-329.

[185] Xiao, XD, Dong, et al. The influence of the spatial characteristics of urban green space on the urban heat island effect in Suzhou Industrial Park[J]. SUSTAIN CITIES SOC, 2018,40: 428-439.

[186] Yang C, He X, Wang R, et al. The Effect of Urban Green Spaces on the Urban Thermal Environment and Its Seasonal Variations[J]. Forests, 2017,8(5): 153.

[187] 刘娇妹,李树华,杨志峰.北京公园绿地夏季温湿效应[J].生态学杂志,2008(11): 1972-1978.

[188] 程好好,曾辉,汪自书,等.城市绿地类型及格局特征与地表温度的关系:以深圳特区为例[J].北京大学学报(自然科学版),2009,45(3): 495-501.

[189] 雷江丽,刘涛,吴艳艳,等.深圳城市绿地空间结构对绿地降温效应的影响[J].西北林学院学报,2011,26(4): 218-223.

[190] 刘艳红,郭晋平,魏清顺.基于CFD的城市绿地空间格局热环境效应分析[J].生态学报,2012,32(6): 1951-1959.

[191] Chibuike EM, Ibukun AO, Kunda J J, et al. Assessment of green parks cooling effect on Abuja urban microclimate using geospatial techniques[J]. Remote Sensing Applications Society and Environment, 2018,11.

[192] Yan H, Wu F, Dong L. Influence of a large urban park on the local urban thermal environment[J]. Science of the Total Environment, 2018,622-623(may1): 882-891.

[193] Estoque R C, Murayama Y, Myint S W. Effects of landscape composition and pattern on land surface temperature: An urban heat island study in the megacities of Southeast Asia[J]. Science of the Total Environment, 2016(577): 349.

[194] Yang C, He X, Yu L, et al. The Cooling Effect of Urban Parks and Its Monthly Variations in a Snow Climate City[J]. Remote Sensing, 2017,9(10): 1066.

[195] Du H, Cai W, Xu Y, et al. Quantifying the cool island effects of urban green spaces using remote sensing Data[J]. Urban Forestry & Urban Greening, 2017,27: 24-31.

[196] Zhibin R, Xingyuan H, Haifeng Z, et al. Estimation of the Relationship between Urban Park Characteristics and Park Cool Island Intensity by Remote Sensing Data and Field Measurement[J]. Forests, 2013,4(4): 868–886.

[197] Xinjun W, Haoming C, Juan X, et al. Relationship between Park Composition, Vegetation Characteristics and Cool Island Effect[J]. Sustainability, 2018,10(3): 587.

[198] Chibuike E M, Ibukun A O, Kunda J J, et al. Assessment of green parks cooling effect on Abuja urban microclimate using geospatial techniques[J]. Remote Sensing Applications Society and Environment, 2018,11: 11–21.

[199] 苏泳娴, 黄光庆, 陈修治, 等. 广州市城区公园对周边环境的降温效应[J]. 生态学报, 2010,30(18): 4905–4918.

[200] 冯悦怡, 胡潭高, 张力小. 城市公园景观空间结构对其热环境效应的影响[J]. 生态学报, 2014,34(12): 3179–3187.

[201] 栾庆祖, 叶彩华, 刘勇洪, 等. 城市绿地对周边热环境影响遥感研究：以北京为例[J]. 生态环境学报, 2014,23(2): 252–261.

[202] 刘继生, 陈彦光. 城镇体系空间结构的分形维数及其测算方法[J]. 地理研究, 1999(2): 171–178.

[203] 庄至凤, 姜广辉, 何新, 等. 基于分形理论的农村居民点空间特征研究：以北京市平谷区为例[J]. 自然资源学报, 2015,30(9): 1534–1546.

[204] 陈俊, 王文, 李子扬, 等. Landsat-5卫星数据产品[J]. 遥感信息, 2007(3): 85–88.

[205] 历华, 曾永年, 负培东, 等. 利用多源遥感数据反演城市地表温度[J]. 遥感学报, 2007,11(6): 891–898.

[206] 贺金鑫, 孙焕朝, 李文庆, 等. 基于热红外遥感数据辽东地热区地表温度反演[J]. 吉林大学学报(信息科学版), 2018,36(1): 62–68.

[207] 许辉, 杨洁明, 喻晓玲. 新疆优质旅游资源空间格局及影响机制[J]. 地域研究与开发, 2016,35(1): 96–101.

[208] 邹艳芬, 陆宇海. 基于空间自回归模型的中国能源利用效率区域特征分析[J]. 统计研究, 2005(10): 67–71.

[209] 陈康林, 龚建周, 陈晓越, 等. 广州城市绿色空间与地表温度的格局关系研究[J]. 生态环境学报, 2016,25(5): 842-849.

[210] Benguigui L, Marinov M, Czamanski D, et al. When and Where is a City Fractal? ERSA conference papers, 2000[C].

[211] 陈彦光. 城市形态的分维估算与分形判定[J]. 地理科学进展, 2017(5): 529-539.

[212] 孙喆. 北京市第一道绿化隔离带区域热环境特征及绿地降温作用[J]. 生态学杂志, 2019,38(11): 3496-3505.

[213] 苏泳娴, 黄光庆, 陈修治, 等. 广州市城区公园对周边环境的降温效应[J]. 生态学报, 2010,30(18): 4905-4918.

[214] 吴菲, 李树华, 刘娇妹. 城市绿地面积与温湿效益之间关系的研究[J]. 中国园林, 2007(6): 71-74.

[215] 花利忠, 孙凤琴, 陈娇娜, 等. 基于Landsat-8影像的沿海城市公园冷岛效应: 以厦门为例[J]. 生态学报, 2020,40(22): 8147-8157.

[216] 赵芮, 申鑫杰, 田国行, 等. 郑州市公园绿地景观特征对公园冷岛效应的影响[J]. 生态学报, 2020,40(9): 2886-2894.

[217] 栾庆祖, 叶彩华, 刘勇洪, 等. 城市绿地对周边热环境影响遥感研究: 以北京为例[J]. 生态环境学报, 2014,23(2): 252-261.

[218] Sadler P F A R. Fractal analysis of agglomerations[M]. University of Stuttgart, 1991.

[219] Chen Y G. Approaches to estimating fractal dimension and identifying fractals of urban form[J]. Progress in Geography, 2017, 5(36): 529-539.

[220] Batty M, Longley P. Fractal Cities - A Geometry of Form and Function[J]. 1994(8): 394.

[221] Zhou S G J A. The fractal urban form of Beijing and its practical significance[J]. Geographical Research, 2006, 2(25): 204-212.

[222] Versini P A, Gires A, Tchiguirinskaia I, et al. Fractal analysis of green roof spatial implementation in European cities[J]. Urban Forestry & Urban Greening, 2020(49): 126629.

[223] 程好好, 曾辉, 汪自书, 等. 城市绿地类型及格局特征与地表温度的关系: 以深圳特区为例[J]. 北京大学学报(自然科学版), 2009,45(3): 495-501.

[224] 陈彦光, 刘继生. 城市形态分维测算和分析的若干问题[J]. 人文地理, 2007(3): 98-103.

[225] 雷江丽, 刘涛, 吴艳艳, 等. 深圳城市绿地空间结构对绿地降温效应的影响[J]. 西北林学院学报, 2011,26(4): 218-223.

[226] Huang M, Cui P, He X. Study of the Cooling Effects of Urban Green Space in Harbin in Terms of Reducing the Heat Island Effect[J]. Sustainability, 2018, 10(4): 1101.

[227] Masoudi M, Tan P Y. Multi-year comparison of the effects of spatial pattern of urban green spaces on urban land surface temperature[J]. Landscape and Urban Planning, 2019(184): 44-58.

[228] A M M, A A G, C T T B, et al. Effects of green space spatial pattern on land surface temperature: Implications for sustainable urban planning and climate change adaptation[J]. ISPRS Journal of Photogrammetry and Remote Sensing, 2014, 89(3): 59-66.

[229] Peng J, Xie P, Liu Y, et al. Urban thermal environment dynamics and associated landscape pattern factors: A case study in the Beijing metropolitan region[J]. Remote Sensing of Environment, 2016(173): 145-155.